智能工业机器人控制技术与应用研究

祁若龙／著

吉林出版集团股份有限公司
全国百佳图书出版单位

版权所有　侵权必究

图书在版编目（CIP）数据

智能工业机器人控制技术与应用研究 / 祁若龙著
. -- 长春 : 吉林出版集团股份有限公司, 2021.3
ISBN 978-7-5731-0004-7

Ⅰ. ①智… Ⅱ. ①祁… Ⅲ. ①工业机器人—机器人控制—研究 Ⅳ. ①TP242.2

中国版本图书馆CIP数据核字(2021)第149554号

ZHINENG GONGYE JIQIREN KONGZHI JISHU YU YINGYONG YANJIU
智能工业机器人控制技术与应用研究

著　　者　祁若龙　　责任编辑　刘晓敏
出版策划　齐　郁　　封面设计　雅硕图文

出　　版　吉林出版集团股份有限公司
（长春市福祉大路5788号，邮政编码：130118）
发　　行　吉林出版集团译文图书经营有限公司
（http：//shop34896900.taobao.com）
电　　话　总编办 0431-81629909　营销部 0431-81629880/81629881

印　　刷　长春市华远印务有限公司　　开　　本　787mm × 1092mm　1/16
印　　张　11.75　　字　　数　210千
版　　次　2022年6月第1版　　印　　次　2022年6月第1次印刷
书　　号　ISBN 978-7-5731-0004-7　　定　　价　68.00元

印装错误请与承印厂联系

目 录

第一章　绪论

机器人技术因其对新兴产业发展的重要意义，而被认为是未来几句发展前景的高新技术之一。自21世纪以来，世界各国均愈发重视机器人技术的发展。2009年，英国皇家工程学院曾在《自主系统》科学报告中指出，到2019年，世界机器人技术将迎来革命，此外，在2014年中国科学院第十七次院士大会、中国工程院第十二次院士大会中，国家主席习近平在液曾经强调，机器人的研发、制造与应用是衡量一个国家科技创新和高端制造业水平的重要标志，中国不仅要提升国产机器人技术水平，还要注重市场。“机器人革命”极有可能成为“第四次工业革命”的一个切入点和重要增长点，并很大程度上对全球制造业格局产生影响，中国将由于自身巨大的工业体系而成为全球最大的机器人产销市场。

机器人产业的发展水平可以体现国家科技创新水平以及高端制造业水平，因此愈发受世界各国的高度重视，全球主要经济体如美国，欧盟，中国及日本纷纷将发展机器人产业提升至国家战略高度，并期望以机器人技术的发展实现保持和重获制造业竞争优势的目标。因此，笔者认为对智能工业机器人的控制技术和应用进行一次系统梳理是非常有必要的。

本书以工业机器人智能化控制为研究对象，在以自主移动机器人为平台，对系统硬件结构、信号处理、图像处理与识别、控制器设计、移动机器人运动学模型以及在实践中的应用等关键技术进行了深入和系统的阐述。希望本书的出版对我国智能机器人发展起到促进作用。

第一节 机器人发展历程大事记

机器人的制造涉及了包含机械工程、电子技术、计算机技术、自动控制理论及人工智能等多学科知识，作为多学科交叉产生的机器人技术代表了机电一体化发展的的新成就，是当代科学技术发展较活跃的领域之一。“机器人”一词虽出现得较晚，但这一概念在人类的想象中却早已出现。研制和使用机器人是人们多年的梦想，这体现了人类重塑自身、了解自我的一种强烈愿望。

自古以来，有不少学者和杰出工匠都曾研制出具有人类特点或具有模拟动物特征的机器人雏形。在中国，西周时期的能工巧匠偃师就研制出了能歌善舞的伶人，这是我国较早的涉及机器人概念的文字记载；春秋后期，著名的木匠鲁班曾制造过一只木鸟，能在空中飞行“三日而不下”。

“机器人”（Robot）一词，最早是由捷克剧作家卡雷尔·卡佩克（Karel Capek）在其1920年出版的讽刺剧本“罗莎姆的万能机器人”中提出的。在该剧本中，有一个机器奴仆（Robot），它与人类样貌相似，但能不分昼夜工作。之后，“Robot”一词作为机器人被沿用至今，中文中将其译成机器人。

科幻作家阿西莫夫（Isaac Asimov），在其1942年出版的科幻小说《我，机器人》中，提出了“机器人三大准则”的概念：①机器人伤害人类，不能危害人类生存，必须阻止人类受到伤害；②在不违背第一准则的条件下，机器人必须听从人类命令；③在不违背第一和第二准则的条件下，机器人应该确保自身的安全以及不受伤害。仅是科幻小说里提出的概念，但该三大准则因为其赋予了机器人伦理观而受到了学术界的认可，并成为后期机器人的研发准则。

真正现代意义上的机器人出现于20世纪中期，受益于数字计算机的出现以及电子技术的发展，工业生产领域出现了可编程控制的数控机床，以此同时，用于机器人领域的控制技术和机械加工技术也已开始发展。此外，当时也存在一些恶劣环境下的作业不利于人工作业，这就给机器人的产生提供了需求及市场。在这种情况下，机器人技术的研究与应用在该时期得到了迅速的发展。在该时期产生了一系列具有标志性意义的事件，对我们研究机器人的发展历程有很好的参考。

1954年，美国人戴沃尔（G.C.Devol）获得了世界上第一台可编程的机械手的注册专利。该机械手可通过编程控制行动，具有一定的灵活性及多用途性。

1959年，第一台实用工业机器人由戴沃尔与英格伯格合作制造出来。二人随后成立了首家机器人制造厂——“Unimation”公司。为了纪念英格伯格对工业机器人研发和实用方面的卓越贡献，后人将其称为“工业机器人之父”。

1962年，美国AMF公司研发出通用搬运（Versatran）机器人，与Unimation公司生产的万能伙伴（Unimate）机器人相似，也是一款真正商业化的工业机器人，该搬运机器人不仅畅想世界各国，更在全球范围内掀起了机器人热潮。

1967年，日本川崎重工公司和丰田公司分别从美国获得了工业机器人Unimate和Versatran的生产许可证，日本开始了机器人工业的发展。20世纪60年代后期，喷涂弧焊机器人问世并开始大规模商用。

1979年，美国Unimation公司研发出工业机器人PUMA。该机器人的出现标志着工业机器人技术已经基本发展成熟。由于其出色的性能，PUMA至今仍被用于许多生产场合一线，此外也成为许多机器人研究的模型和对象。

1979年，日本山梨大学牧野洋发明了平面关节型KEPIER机器人。在工业装配方面得到了广泛应用。

1980年，日本将该年定为机器人普及元年，同时日本获得“机器人王国”的称誉。

1996年，本田日本推出了人形机器人P2，该机器人的问世将双足步行机器人的研究推向了一个新的高度。随后，许多国际知名公司纷纷开发代表公司形象的人形机器人，以展示公司的研究能力。

1998年，丹麦Lego公司推出机器人（Mind-storms）组件，使机器人制造变得模块化，使其拼装变得相对简单以及灵活，该机器人的出现使得机器人开始走入个人家庭。

1999年，日本索尼公司推出娱乐产品机器狗——爱宝（AIBO），大受市场欢迎，娱乐机器人开始成为目前机器人进入普通家庭的重要途径。

2002年，美国iRobot公司推出了家用吸尘器机器人Roomba，其销量巨大且极具商业化。

2006年，微软公司推出Microsoft Robotics Studio，使得机器人模块化、平台统一化的趋势更进一步。同时微软比尔·盖茨预言，家用机器人的应用很快将席卷全球。

中国机器人技术自20世纪70年代才起步。在“七五”计划中，中国将机器人纳入国家重点科研计划；在“863”计划的支持下，机器人技术的基础理论和技术研究得到了充分发展。1986年，沈阳成立了中国第一个机器人研究示范项目。目前，中国已掌握机器人的设计和制造技术，控制系统的软、硬件设计技术，机构运动学以及轨迹规划技术，并制造了机器人的关键部件，开发了大量用于用于喷涂，电弧焊，点焊，装配和加工的工业机器人。截至2007年底，已有20多家公司近30条自动喷涂线扩建了130多套喷漆机器人。汽车制造商的焊接线已成批大量应用弧焊机器人。在20世纪90年代中期，中国的6000米浅水下机器人成功通过了测试。在未来10年，在步行机器人，精密装配机器人和多自由度关节机器人等国际先进领域，中国将逐步达到世界先进水平。

2012年6月，在马里亚纳海沟，我国的“蛟龙”号载人潜水器（水下机器人）完成了7000m级海试任务，首次到达7000m深的海底开展作业和科学研究试验；也是在2012年6月，我国天宫一号与神舟九号载人交会对接成功，标志着我国载人航天工程的一个重大突破。这些表明，我国在水下机器人和空间机器人等领域已经达到了世界先进水平。

联合国欧洲经济委员会和国际机器人联合会发表的一份报告指出：十年后的家用机器人可能会像今天的电脑和手机一样受欢迎.这些机器人可以帮助人们做家务，打扫卫生，修剪草坪，照顾病人，可以成为一个强有力的助理医生手术。

德国生产技术和自动化研究所（Schlaft博士，未来机器人的导演）说：机器人的成长将继续，可能比过去更快。我们将看到机器人的地方，我们希望机器人，不仅在工业，而且在我们的日常生活中。我们要学会和机器人一起生活。我们所知道的所有应用领域都将有机器人，我们将从他们的所作所为中获益。我们认为，在我们的家庭和日常生活中使用个人机器人并不需要等待一年多。

对于军事机器人的发展，美国机器人技术有限公司主席罗伯特说：军事机器人的应用可能改变战争的性质。例如，在地面作战中，可能有“机器人力量”，他们的身体相对较小，隐蔽性好，在战场上进行监视、侦察、收集信息；而不是士兵驾驶坦克，操纵火炮，并携带炸药对目标，机器人战士将很快在战场上，到了几年后，将有一个各种不同功能的智能机器人执行各种军事任务。

人形机器人是智能机器人研究领域中最先进的研究课题之一。一些人工智能专家对未来机器人的发展进行了预言，更加直截了当，简练：21世纪将是机器人世纪。在本世纪，智能机器人将独占所有的职业，从而为人类创造了第一个“无痛”的全自动社会。在这种社会中，智能机器人拥有三种身份：智能机、智能机器人公民和智能机器人企业家。那么它将是万能的，你应该把它看成是人类的伴侣，与之和谐，而不是作为你的仆人。

但是，机器人的发展还有另一个声音。一些机器人学者，特别是一些计算机科学家，认为随着机器人技术的飞速发展，超级机器人的出现最终会导致地球上“机器人物种”的出现，对地球上的生物，包括人类构成可怕的威胁吗？事实上，这位持怀疑态度和反对立场的科学家是少数，大多数科学家都有积极和肯定的心态。

历史经验表明，许多重大发明对人类都有利弊，首先是有益的方面，否则人们将无法学习和创造它，在发展过程中，往往暴露在人类的有害问题上。例如，飞机的发明对人类来说是莫大的恩惠：它缩短了两个地方之间的距离，使地球相对较小。然而，飞机噪音滋扰，飞行事故时有发生，这是其劣势。即便如此，航空业仍在增长，只要利益大于劣势。同时，由于人类可以创造它，他们可以不断地改造它，完善它，或者采取其他有力的措施来实现废除什么，甚至是利益的劣势。诺贝尔有一句名言：“人类新发现的好处总是大于坏处”。

有人建议，使用机器人会导致更多的工人下岗，失业，问题如下：历史经验表明，当一种新技术应用到生产，它确实导致太多的生产人员在同一生产规模和需要下岗，但同时可以看到，一个新的产业的诞生和扩大，需要大量的工人就业被称为社会转移。最明显的例子是农业机械化创造了劳动力过剩作为农民，但他们已经逐渐转移到城市从事工业，建筑和商业活动。同样，随着机器人的发展和普及，它将促进新的工业机器人制造和相关领域的发展，从而为人们提供新的就业机会。

其次，人类社会发展水平，平均工作时间长短，也是一个重要的标志。在经济落后、生产水平低的时代，人们经常每天工作，每天工作10小时以上，随着生产水平的提高和经济的发展，人们每周练习6天，8每天工作时间，然后每周5天，每天6~7小时，甚至更短的工作系统.剩下的时间，人们可以积极而快乐地学习和休息，这是人类追求的目标。利用机器人代替人进行各种工作，是实现“有效工作、快乐生活”目标的一项卓有成效的措施和手段。

移动机器人是一个具有多种功能的综合性系统，可以依靠传感器感知外界环境，按照控制器进行运动并执行任务。它的工作状态是通过传感器和GPS定位系统连续实时地感知周围环境以及定位在系统中的位置，并将这一结果报告给控制器，控制系统为达到控制目的针对不同环境和自身的位置进行决策分析、调整与规划，并且控制驱动电机做各种不同的操作，从而驱动机器人完成各种控制任务。移动机器人技术的研究与发展离不开电子信息技术、传感器技术、自动化技术以及人工智能等技术的发展。随着国家对科技的大力支持，移动机器人技术的发展也迎来了一个黄金时段。近年来，移动机器人技术被广泛应用在极其众多的领域，包括：工业生产制造、智能农业、国防军事、第三产业服务业、未知领域探险等。其中运用最广的领域是工业制造行业。工业机器人的组成系统一般包括了控制模块、驱动模块、执行机构、相关的外围设备。现在应用比较多的机器人有焊接机器人、喷涂机器人、搬运机器人、网络机器人、机械臂等。在农业化建设方面也少不了机器人。农业机器人是集合了传感技术、监测技术、人工智能技术、通讯技术、图像识别技术、精密及系统集成技术等多种前沿科学技术于一身。例如：采摘机器人、嫁接机器人、喷雾机器人、除草机器人等等。在技术含量要求精确的军事领域，无人机和无人驾驶的战车已经代替人类开始作战和服役；在扑朔迷离的航空探索领域，移动机器人代替人类完成首次探索，为后来的研究开拓了道路。随着人们生活水平的提高，第三产业的发展也越来越急需。因此，服务类的机器人也将会被大范围的使用。目前我国的老龄化现象越来越严重，年轻人又需要出去工作，导致了老人独自在家无人看护照顾，而助老服务机器人就可以很好的解决这样的问题。移动机器人技术已经得到工业界和学术界的普遍关注和高度重视。我国的中科院自动化研究所于2003年研制出了新型的智能移动机器人CASIA-I；国防科技大学于2001年自主研制出了红旗HQ3无人车，实现了复杂环境的自主行走，并且具有一定的语言表达功能，这标志着我国在复杂环境识别、行为决策和控制技术方面取得了新的突破。

第二节 何为机器人及其主要技术参数综述

一、机器人的定义和特征

尽管机器人已存在数十年，但学术界对于机器人仍然没有统一，严谨和准确的定义。一个原因是机器人仍处于不断发展的使其，新的产品不断问世，功能性不断增强。但其根本原因是机器人涉及到人类的概念，这使机器人的定义逐渐成为一个困难的哲学问题。就像“机器人”该词首次出现在科幻小说中一样，人们充满了关于机器人的幻想。也许正是当前机器人定义的含糊不清才使人们有了充分想象空间和创造的多样化。

目前大多数国家倾向于美国机器人工业协会（RIA）给出的定义：机器人是一种用于移动各种材料、零件、工具或专用装置，通过可编程序动作来执行各种任务，并具有编程能力的多功能机械手。这个定义实际上表述的是工业机器人。

大多数国家目前更倾向美国机器人工业协会（RIA）对机器人做出的定义：机器人是用于移动各种材料，零件，工具或特殊设备，通过可编程序操作执行各种任务，以及具有可编程功能的多功能机器手臂。该定义实际上描述的仅是工业机器人。

日本工业机器人协会（JIRA）给出的定义：一种带有存储器件和末端操作器的通用机械，它能够通过自动化的动作替代人类劳动。

我国学者对机器人的定义是：机器人是一种自动化的机器，所不同的是这种机器具备一些与人或生物相似的智能能力，如感知、规划、动作和协同等能力，是一种具有高度灵活性的自动化机器。

中国学者将机器人定义为：机器人是一种自动化机器。不同之处在于，和人类及其他生物相似，机器人具有一些智能功能，如感知，计划，移动和协调等。是具有灵活性的自动化机器。

通常，机器人应该具有以下三大特征：

（一）拟生物功能

机器人是一种模仿人类或其他生物运动的机器。 它可以使用人类工具。因此，数控机床和汽车都不是机器人。

（二）可编程

机器人具有智力或具有感觉与识别能力，可随工作环境变化的需要而再编程。一般的电动玩具没有感觉和识别能力，不能再编程，因此不能称为真正的机器人。

机器人具有智能感知以及识别的能力，并且可以随着工作环境的变化而重新编程。 普通电动玩具没有感觉和识别能力，不能进行重新编程，因此普通玩具并不是真正的机器人。

（三）通用性

一般机器人在执行不同作业任务时，具有较好的通用性。例如，通过更换机器人手部末端操作器（手爪或工具等），便可执行不同的作业任务。

通常，机器人在执行不同任务时具有良好的通用性。例如，可以通过改变机器人手部操纵器（抓钩或专用工具等）来满足不同的任务需求。

二、机器人的结构

机器人系统是由机器人、作业对象、环境和任务等组成的。其中包括机器人机械系统：驱动系统、控制系统和检测系统等。机器人通过人机交互系统接收作业任务，控制系统发出控制命令；驱动系统接收命令后驱动机械系统执行任务，从而改变作业对象；检测系统可以感知机器人内部及外部信息，将检测的信息与给定的信息互相比对，进而修正控制信号，保证机器人的正确作业。

（一）控制系统

该系统是控制机器人行为动作的执行机构，根据机器人的收到的作业指令程序和从传感器反馈的信号执行指定的运动和功能。如果机器人没有信息反馈回路，则称该控制系统称为开环控制系统；如果机器人具有信息反馈功能，则该控制系统称为闭环控制系统。控制系统主要由控制系统硬件和软件组成。其中控制软件主要由人机交互系统以及相应的控制算法组成。 控制系统在功能性上类似于人脑。

（二）驱动系统

驱动系统主要指驱动机械系统运行的动力单元。根据动力源的不同，驱动可分为电动，液压和气动驱动，以及将它们组合在一起的集成驱动系统。这部分起着人体肌肉的作用。

（三）机械系统

该系统通常由多个装置，包括机身，臂，手腕，末端执行器（也称为手）组成，有些还包括行走机构。每个机构都具有多个自由度以组成多自由度机械系统。如果该机器人具有行走机构，则组成行走机器人；如不具有行走机构，则组成固定机器人。末端执行器是安装在腕部末端的重要组件，其可以是两指或多指，或是如喷枪或焊枪等专用工具。机械系统作用类似于人体（骨骼，手，手臂和腿）。

（四）检测系统

该系统包括内部传感器以及外部传感器两部分，分别用于感知机器人内部和外部环境，并将所获取的信息数据实时反馈给控制系统。内部状态传感器用于检测诸如每个关节的位置以及速度之类的信息。外部状态传感器则用于检测机器人与周围环境之间的一些状态信息，例如与物体的距离，接近程度以及接触状况，其作用为引导机器人识别物体并执行相应的处理，从而为机器人提供一定的智能性。这部分相当于人类的五种感官。

三、机器人的技术参数

技术参数是制造商在交付机器人产品时提供的有关技术数据，它反映了机器人的使用范围以及操控性能等。同时也是客户选择，设计和应用机器人时必须考虑和依据的数据。机器人的主要技术参数一般包括自由度，定位精度，重复定位精度，工作空间，承载能力以及最大工作速度等。

（一）自由度

自由指的是机器人可部位进行独立运动的数量，通常不包括末端执行器的开合自由度。机器人的自由度通常对应于关节的独立运动。自由度是衡量机器人灵活性的参数。自由度越大，机器人运动则越灵活，但高自由度也会使得结构变得复杂，给控制带来困难。因此，机器人的自由度应根据应用目的进行设计，通常在3到6之间。大于6的自由度称为冗余自由度。冗余自由度增加了机器人的灵活性，允许机器人避开障碍物并改善机器人的动态性能。人的手臂（手臂，手臂和手腕）有7个自由度。一个人的五个手指有24个自由度，因此它们工作非常巧妙，避开障碍物，并且可以到达不同的方向。同样的目的。

（二）定位精度和重复定位精度

定位精度及其可重复性是衡量机器人的两个精度指标。定位精度指的是机器人末端执行器的实际位置与目标位置之间的偏差。它主要是由机械误差，控制算法误差，以及各系统分辨率共同构成。

重复定位精度是指机器人在相同的环境、条件、目标运动和指令条件下重复动作后的位置偏差。由于重复定位的精度不受工作载荷变化的影响，因此重复定位精度指数经常被用作体现示教-再现式机器人技术水平的重要指标。

（三）工作空间

工作空间即机器人在空间上的工作范围，它是机器人在进行各种动作时手腕中心点可以到达的空间中所有点的集合，所以有时也称为工作区域。由于不同机器人末端执行器的因其任务不同而形状和尺寸各有不同，所以为了反映了机器人本身固有的特征参数，将工作空间定义为在未安装末端执行器时的工作区域。工作空间的大小不仅与机器人的各种连杆机构的大小有关，同时还受到机器人的整体结构形式影响。机器人工作空间的形状和大小非常重要，因为在机器人执行一些任务时，可能因为手部无法触及工作区域而造成任务失败。

（四）最大工作速度

机器人制造商不同，其最高工作速度也不同。一些制造商将其指定为机器人的主要自由度的最大稳定速度，而其他制造商则认为是臂端的最大合成速度，这通常在技术参数中说明。机器人所能达到的最高工作速度越高，则其工作效率就会越高。但是，工作越快，加速或减速所需的时间就越长，换而言之，机器人的最大加速度或减速度会很高。

（五）承载能力

承载能力是机器人在工作范围内任何位置可承受的最大负载。承载能力不仅取决于负载的大小，还与机器人的运行速度和加速度有关。通常为了确保安全，承载能力的技术标准被定为高速承载能力。一般来说有效载荷不仅指负载，还包括机器人末端执行器自身的重力。

第三节 当前机器人主要类型划分

机器人的分类方法很多，下面依据几个有代表性的分类方法列举机器人的分类。

一、按照应用类型分类

机器人按应用类型可分为工业机器人、极限作业机器人和娱乐机器人。

（一）工业机器人

是指用于工业领域的机器人，如搬运、焊接、装配、喷涂和检查等机器人。

（二）极限作业机器人

主要是指在人们难以进入的核电站、海底和宇宙空间等进行作业的机器人。

（三）娱乐机器人

主要是指用于娱乐的机器人。包括弹奏乐器的机器人、舞蹈机器人和玩具机器人等（具有某种程度的通用性）。

二、按机器人发展的程度分类

按照从低级到高级的发展程度来分，机器人一般可分为以下几类。

第一代机器人指功能仅限于“示教-再现”的机器人。

第二代机器人具有多个环境敏感探测器，可以进行反馈控制以响应环境中的微小变化。

第三代机器人为智能机器人。它具有更多样化的感知能力，并且可以执行更加复杂的逻辑推理、判断并进行决策，可以在工作环境中不需人类干预而独立行动，其自身具有发现问题的能力，病可自行解决问题。这种机器人适应性和自我维持能力极强。

第四代机器人是情感机器人。 它具有与人类类似的情感思维。这个水平的机器人已经发展至较高水平，也是目前机器人科学家的理想类型。

三、按照控制方式分类

根据控制方法，机器人可以分为操作机器人，程序机器人，示教-再现机器人，智能机器人以及综合型机器人。

（一）操作机器人

典型的操作机器人是在处理放射性材料时远程控制核电站的机器人。在这种情况下，对应于人手的部分被称为主动机械手，并且从动机械手与主动操纵器基本上相同，但其要更大且作用力也大于主动机械手。

（二）程序机器人

程序机器人根据预定程序，条件和位置运行。 目前，大多数机器人使用这种控制方法。

（三）示教再现机器人

与磁带的录像和放映类似，示教机器人自动将指示的操作记录在诸如软盘或磁带的存储器上，并且如果需要再现操作则重复指示的操作。 教学方法包括手动命令，电缆命令和无线命令。

（四）智能机器人

除了执行预设操作动作外，智能机器人还能够根据操作环境的变化进行动作。

（五）综合机器人

综合机器人是由操作机器人、示教再现机器人、智能机器人组合而成的机器人，如火星探测机器人。

四、按机器人关节连接布置形式分类

根据机器人关节连接配置，机器人可以分为两种类型：串联机器人和并联机器人。

串联机器人的杆件以及关节的链接方式为串联（开链式），而并联机器人的杆件和关节则是以并联方式（闭链式）相互连接。

并联机器人的工作平台和基座之间具有至少两个可动链接连杆，并具有两个或更多自由度的闭环机构。虽然并联机器人具有高刚性、高精度、高速响应以及结构简单的特点，但其工作空间较小且控制系统过于复杂。现阶段的并联机器人主要集中于产品包装，飞行员训练以及手术器械的精确定位等领域。

五、按照机器人坐标形式分类

机器人的机身，手臂，手腕以及末端操作器（如爪子）通常被称为机器人操作臂，部件通过一系列连杆串联连接。两个相邻连杆副间的连接关系由链接部位的关节决定确定，也称为运动副。机器人连接中最常用的是移动关节（Prismatic joint）以及转动关节（Revolute joint），通常移动关节用首字母P表示，旋转关节用首字母R表示。

机器人通常需要6自由度来完成工作。机器人运动是手臂和腕部运动的组合。通常，手臂具有3个用于改变手腕参考点位置的关节（称为定位机构），并且手腕还具有3个轴线基本上彼此正交的关节，以调整末端执行器姿态（称为定向机构）。整个转向臂包括连接定向机构的定位机构。

机器人操作臂的关节通常为单自由度主动运动副，即每个关节由单个驱动器驱动。

机器人的操作臂工作空间形式由其臂部的3个关节的种类。按照臂部关节沿坐标轴的运动形式，即按移动和转动的不同组合，可将机器人分为直角坐标型、圆柱坐标型、球（扱）坐标型、关节坐标型以及平面关节型五种类型。机器人结构的类型取决于其应用场合，即要执行的工作的性质。

（一）直角坐标型机器人

直角坐标型机器人的形状类似于CNC镗铣床和CMM。其3个关节是彼此垂直的移动关节（3P），各自对应于直角坐标系中的X，Y，Z轴。该结构的优点是刚度好。其中大多数做成高位置精度，运动学简单，以及无耦合控制的大型龙门式或框架式结构，但该结构大多体积大，运动区域窄，灵活性低，尺寸占地大。但由于其出色的稳定性，被广泛应用于大型负载的转移任务。

（二）圆柱坐标型机器人

圆柱坐标型机器人具有2个移动关节（2P）和1个转动关节（IR），工作范围为圆柱形状。其特点为位置精度高、运动直观、控制方便、结构简单、占地面积小和价格低廉，因此应用广泛；但对靠近立柱、以及处于地面上的物体抓取能力不足。

（三）球（极）坐标型机器人

球（极）坐标机器人包含1个关节（1P）以及2个转动关节（2R）组成，其可动范围为球形的。其具有结构紧凑，操作灵活，占地面积小的优点，但其存在结构复杂，定位精度低，运动直观性差等缺点。

（四）关节坐标型机器人

关节坐标机器人结构包含立柱、大臂以及小臂。其机械结构与人体类似的，即大臂和立柱连接组成成肩关节，同时大小臂形成肘关节。此外还包含3个转动关节（3R），分别为1个转动关节和2个俯仰关节，形成球形工作范围。该机器人具有工作范围广和运动灵活且可以捕捉机身附近的物体的优点；但由于运动直观性欠佳，很难获得较高的定位精度。这种类型的机器人非常灵活，因此得到了广泛的应用。

（五）平面关节型机器人

平面关节机器人具有3个转动关节，其轴线彼此平行且可以在平面中定位以及定向；此外，其还具有1个一定关节以进行手部在垂直地面方向的动作。手腕的中心点位置由2个转动关节和1个活动关节限定，手爪的运动方向由转动关节的旋转角度决定。该机器人具有出色的垂直方向刚度，良好的水平方向动作柔顺性，灵活的运动，高速和高定位精度的优点。由于其适用于平面方向的定位以及垂直平面的组装作业，故也被称为装配机器人。

六、机器人在各个领域的应用

（一）农业机器人

由于机械化，自动化程度相对落后，“面朝黄土背朝天”是我国农民的标志。我国是一个农业大国，80%人口是农民，人均土地面积很少，因此农业机械化，自动化需求似乎不像发达国家如此紧迫。

在日本、美国等发达国家，农业人口相对较小，随着农业生产规模、多样化、精准度的出现，劳动力短缺现象越来越明显。蔬菜、水果的选择和采摘、蔬菜嫁接等许多工作项目都是劳动密集型的，加上季节性的要求，很难解决劳动问题。正是基于这种情况，农业林业机器人才出现了。机器人的使用具有提高劳动生产率、解决劳动力短缺、改善农业生产环境、防止农药、化肥危害人体、改善工作质量带等诸多优点。随着信息时代的到来和设施农业的出现，精准农业，一直被视为落后的农业生产也将在现代化的快车，和农业的新发展是特别离不开生物工程和信息，在这方面，机器人具有独特的能力。

在农业机器人的研究中，日本现在是世界上第一个国家。但由于农用机器人具有技术和经济方面的特殊性，没有普及。农业机器人的特点如下：（1）农业机器人在工作侧移动的一般要求；（2）农地步行不是起点与目的地之间最短的距离，而是狭窄的范围。较长的距离和整个场面的特性，（3）使用条件，如气候影响、不平路和地面倾斜操作，还需要考虑左右摇摆的问题；在价格问题上，工业机器人需要大量的投资，由工厂或工业团体支付，而农业机器人要自雇，如果不低价格，很难推广；农业机器人的使用者是农民，而不是具有机械和电子知识的工程师，因此农业机器人必须具备高可靠性和简单操作的特点。

目前开发的农林机器人有：耕耘机器人、施肥机器人、除草机器人、喷涂机器人、蔬菜嫁接机器人、收获机器人、摘果机器人、树修剪机器人、水果分拣机器人等。

（二）工业机器人

1.工业机器人的基本含义

工业机器人是指一种自动化控制、可重复编程、多功能、多自由度、多功能的操作机器，可以运载材料、工件或工具进行各种操作。而机器可以固定在一个地方，也可以在车的往复运动。

工业机器人由操作员（机械本体）、控制器、伺服驱动系统和检测传感器组成，是一种仿人操作、自动控制、可重复编程，可以完成三维空间完成各种具有机电自动化生产设备，特别适用于多种品种，可变体积的柔性生产。它在稳定、提高产品质量、提高生产效率、改善劳动条件、加快产品更新换代等方面起着非常重要的作用。

机器人技术是计算机、控制论、机构、信息与传感技术、人工智能、仿生学等多学科的结合和高科技的形成，是现代研究中非常活跃和广泛应用的该字段。机器人的应用是国家工业自动化水平的重要标志。

机器人不是在简单的意义上取代人工劳动，而是把人类的专业知识和机器专业知识结合在一起的一种拟人化的电子机械，既能快速反应环境状态，又能分析判断能力，还长期持续的工作，高精度，耐苛刻的环境，在某种意义上它也是机器进化过程的产物，这是一个重要的工业和非工业生产和服务设备，也是不可缺少的自动化设备领域的先进制造技术。

2.工业机器人技术参数

工业机器人的技术参数反映了机器人执行工作的能力和最高的运行性能，是机器人设计和应用中应考虑的问题。

（1）自由度

自由是描述物体运动所需的独立坐标的数目。机器人的自由度是机器人运动的灵活性的量度，通常是由轴的运动、摆动或旋转的直线数所表示，而不包括在手的运动中。机器人的自由度越高，人的动作功能越接近，普遍性越好；但自由度越大，结构越复杂，机器人总体要求越高，这是机器人设计中的一个矛盾。工业机器人一般是4~6自由度，超过7自由度是多余的自由，是用来避免障碍物的。.

（2）工作空间

机器人的工作空间是机器人手臂。可以由手的安装点到达的所有空间区域不包括可以由手本身到达的区域。自由度的数量和机器人的组合是不同的，自由程度的变化（即直线运动的距离和旋转角度的大小）决定了运动图的大小。

（3）运动速度

移动速度是反映机器人性能的另一个重要指标，它与机器人的承载能力和定位精度密切相关，也直接影响机器人的运动周期。

机器人运动部件自由运行的整个过程一般包括启动加速度阶段、恒速运行和减速制动，其速度时间特性曲线可以简化。

一般来说，运动速度，是指机器人在过程中最大的运动速度。为了缩短机器人的整体运转周期，提高效率，希望尽可能缩短起动加速度和减速制动阶段的时间，提高运行速度，尽可能可能的，那就是提高整个运动的平均速度。然而，加速度和减速的数值也相应地增加，在这种情况下，惯性力增加，工件容易松动，而机器人的工作稳定性和位置精度受较大的动态负荷。这就是为什么机器人可以在不同的运行速度下提取不同质量的工件的原因。

（4）运载能力

在指定的性能范围内，机械接口所能承受的最大载荷（包括手）称为承载能力，由质量、力矩和转动惯量表示。载荷大小主要考虑机器人各运动轴的力和力矩，包括手的质量、抓取工件的质量、运动速度变化引起的惯性力和惯性力矩。一般而言，低速运行、承载能力、安全考虑，规定了工件的质量可以作为高速运行时的承载能力指标。

（5）定位精度

定位精度是衡量机器人工作质量的重要指标，定位精度取决于工业机器人运动部件的位置控制方式、精度和刚度，这与萃取质量密切相关。和运行速度。一般专用机械手采用固定块控制，可实现较高的定位精度，控制电路开关和电位器，定位精度较低。工业机器人伺服系统是一种位置跟踪系统，即使在高速过载的情况下，也可以防止机器人具有强烈的冲击和振动，因此可以获得较高的定位精度。

一般来说，定位精度是指位置精度和位置重复定位精度。位置精度是目标位置与目标实际位置之间的平均偏差，位置重复精度是指机器人与位置之间的匹配程度。

（6）编程和存储容量

该技术参数用于解释机器人的控制能力，即程序的大小和存储容量（包括步骤和位置信息的数量），说明机器人工作能力的复杂性和适应性以及程序变化的一般程度。存储容量大，适应性强，通用性强，能从事复杂的操作。

3.工业机器人的典型应用

（1）焊接机器人

焊接机器人是在工业机器人基础上发展起来的一种先进的焊接设备，是从事焊接工作的工业机器人，主要应用于工业自动化领域。为了适应不同的使用，机器人最后一个轴的机械接口，通常是连接法兰，可以安装不同的工具或端执行器。焊接机器人是在工业机器人端法兰上安装电极架或火炬，使其能够进行焊接任务。其主要优点是稳定性好，能提高焊接质量和生产率，改善工人的工作条件等。最广泛使用的是电弧焊和点焊。

一些国外军工企业，特别是坦克装甲车辆的焊接自动化程度高，电弧焊机器人的应用也比较广泛，德国、美国、英国、意大利和新加坡等国家坦克装甲战车车身和炮塔采用电弧焊机器人进行熔化和气体保护焊接。美国一家坦克工厂拥有四台机器人焊接工作站和9台焊接机器人，具有视觉导向功能，用于坦克车身和炮塔的自动焊接。装甲战车机器人焊接技术也采用高效高速焊接技术，与手工焊接相比，其焊接速度为10倍。

焊接机器人在我国的应用主要集中在汽车、摩托车、工程机械、铁路机车等主要行业。汽车企业是焊接机器人的最大用户，也是最早的用户。早在本世纪末，上海电焊机厂和上海电动工具研究所，协调发展的笛卡尔坐标机械手，成功地适用于上海名牌汽车底盘焊接。“一汽”是我国最早引进焊接机器人的企业，1984从库卡公司引进了点焊机器人，用于“红卡”车身焊接和“解放卡”车身顶盖焊接.焊接机器人是成功应用于1986年年前围总成的焊接，并的共计研制了1988年的机器人车身焊接线.在该结束的的世纪和今年年初，德国大众公司与上海和一汽分别成立合资汽车厂，生产汽车，虽然国外二手设备，但其焊接自动化和设备水平，让我们认识到与外国的巨大差距。然后第二次蒸汽在卡车和轻型汽车项目中引入了焊接机器人。可以说，自本世纪以来，引进技术和生产设备、技术和设备，使我国的汽车制造水平从原有的车间式生产增加到规模化生产，同时使国外焊接机器人大规模进入中国。由于我国基础设施建设的迅猛发展，工程机械行业蓬勃发展，工程机械行业已成为早期使用焊接机器人的行业之一。近年来，由于我国经济的飞速发展和能源需求的巨大，制造业相关能源也开始寻求自动焊接技术，焊接机器人应运而生。随着铁路机车行业对货运、客运、城市地铁需求的日益增加，以及列车提速的需求，机器人的需求稳步增长。

在目前，我国的焊接机器人主要分为日本、欧洲和国内三种。日本主要安川、OTC、松下，发药、CQS等公司的产品。欧洲系统主要有德国的库卡，cloos，瑞典的ABB，意大利的柯马和奥地利IGM公司。国内焊接机器人主要是沈阳机器人公司的产品。

焊接机器人可以占用工业机器人的总数量40%以上，焊接这一特定行业，焊接是工业生产中非常重要的加工手段，同时由于焊接烟雾、电弧、金属飞溅、焊接工作环境很差，焊接质量对产品质量有决定性的影响及其他原因，使焊接机器人的应用具有以下优点：

①稳定，提高焊接质量，确保均匀性。焊接工艺参数，如焊接电流、电压、焊接速度、焊接干伸长等，确定焊接结果。当机器人焊接时，各焊缝的焊接参数是恒定的，焊缝质量受人为因素影响较小，降低了工人操作技术的要求，焊接质量稳定。而工人的焊接、焊接速度、干伸长等都发生了变化，很难达到均匀的质量。

②改善工人的工作条件。采用机器人焊接，工人只装卸工件，远离焊接电弧，烟雾飞溅，用于点焊，工人不再携带笨重的手动电极支架，使工人从劳动强度大的体力中解脱出来。

③提高劳动生产率。机器人无疲劳，1天可连续生产小时，另外，具有高速高效的焊接技术应用，采用机器人焊接，效率提高更显然。

④产品周期清晰，易于控制产品输出，机器人的生产节拍是固定的，所以生产计划很清楚.

⑤可缩短产品改造周期，减少相应设备的投资。可实现小批量产品的焊接自动化。机器人和专用机器的最大区别在于它可以修改程序以适应不同工件的生产。

（2）煤炭工业机器人。

采煤是生产行业的一个非常糟糕的工作条件，其主要表现是振动、粉尘、煤尘、瓦斯、冒顶、火灾、水灾等不安全因素的存在。这些不安全因素极大地威胁着油井工作人员的安全。因此，煤炭工业正迫切地发展各种用途的机器人，以取代人类在有毒、危险和危险环境中的工作。另外，开挖过程一般比较复杂，这一复杂的工作很难用一般的自动化机械完成，具有一定的智能性和相当的灵活性，是目前机器人最理想的方法。根据井下作业的特殊情况和特点，机器人的应用主要有以下几个方面：

①特殊煤层开采机器人是一种遥控机器人，可操作高速传输、电机等矿山设备，机器人安装强光源和视觉传感器，可及时到矿区前对经营者的情况；

②凿岩机器人是一种半自动的计算机辅助钻机和全自动钻机，主要用于隧道开挖，可利用传感器确定巷道的上缘，使其能自动瞄准巷道缝，然后根据指定的间隔设置钻头，钻井过程由微型计算机控制，通过调整钻头的速度和受力，随时根据钻削的形状，可以提高生产率。岩石硬度.

③井下喷浆机器人是一种自动喷涂的混凝土设备，可代替人工喷淋的人机操作机械装置，不仅可以提高喷涂质量，还可以从恶劣繁重的工作环境中解放。

（3）石油工业机器人。

石油工业的工作条件很差，各种类型的管线已经应用，包括油气管道、油田集油管线、注水管道、输水管、管道等。在石化厂输送各种介质。这些管线在长期使用过程中会产生内部和外部介质的作用，造成腐蚀、结垢、裂纹、穿孔等，导致管线失效，影响正常油气生产。此外，还有一种特殊的垂直管线--油气井，在油田开发中，无论是竣工、测井还是修井作业都需要在井筒中操作，操作可分为两类：一是在井下安装工作仪表，完成井下参数的测量，二是检测井的工作状态（特别是事故井的状态），制定准确的修井作业方案。油气管道的运行与检测一直是油气生产中的一个重大技术问题，对智能机器人设备的应用越来越受到重视。

管道机器人是一种可以在管道内外行走的机电一体化装置，它可以携带一种或多种传感器和操作装置（如CCD摄像机的位置和姿态传感器、超声波传感器、涡流传感器、管道清洗装置、管道接口焊接装置、防腐蚀喷涂装置等操作装置，在操作员的遥控器上进行了一系列管道的检测和维护操作。一个完整的管道机器人系统由移动载波（行走机构）、内部环境检测系统（操作系统）、信号传输和电力传输系统和控制系统组成。移动载波和管道内部环境检测系统是管道机器人系统的核心部分。

（三）服务机器人

目前，机器人的商业化主要应用于汽车、摩托车、工程机械、电气制造等制造业。然而，随着机器人技术的发展，机器人的应用领域不再局限于传统的制造业。在机器人技术领域，出现了一种新的、充满活力的服务机器人，它给人们的生活带来越来越多的惊喜，同时也使人们的生活变得越来越舒适和轻松。

由于服务机器人仍处于开发和推广的早期阶段，世界上并没有普遍认可的严格定义，所以它的定义是从具有操作类型的工业机器人中导出的。国际机器人联合会通过了以下定义，但这一定义可能在几年后发生变化。

所谓的服务机器人是一种可以自主或半自主的方式为人类健康提供服务的

机器人，也可以维持设备的运行。根据这一定义，在非制造业的工业机器人也可以被视为服务机器人。服务机器人通常是移动的，在大多数情况下，服务机器人是由一个移动平台组成的，它的一个或多个武器，它的控制方式与工业机器人一样。

服务机器人与工业机器人在运动规划、自主操作等方面有很大的相似之处，但在应用领域，服务机器人与工业机器人的区别是不同的。工业机器人主要用于制造、替换或协助人类完成生产工作，如焊接、装配和搬运，而服务机器人主要是用来代替或协助人类提供服务和为各类工作提供安全保障，如保洁、护理、娱乐、值班等。因此，与工业机器人不同的服务机器人的特性主要体现在任务要求、操作环境和机械结构上。

1.主要类别

服务机器人的主要功能是提供和完成服务。目前，服务机器人所涉及的服务类型主要有清洗、运输、监控、检测等。这些任务是多种多样的，因此与任务相关的专业技术将是服务机器人的核心技术。

清洗机器人主要有家用吸尘器、公共建筑地板清洗机器人和建筑外清洁机器人三种。家用吸尘器主要用于清除家用地板上的灰尘、纸张等小块污垢，它应该能够在狭小的空间里自由移动。公共建筑地板清洗机器人，除了自身的移动功能外，还具有清洁干燥的功能。建筑外清洗机器人应具有墙体攀爬和清洗的双重功能。其他运输机器人相对容易实现，通常在已知的环境中工作以提供邮件、文件、材料、样品、药品等。监视机器人主要用于仓库、博物馆、银行等重要场所，以搜查和侦察入侵者，进行火灾探测和报警；该机器人主要用于发现桥梁结构的裂缝、发现核电站的辐射、化工厂或有害药物库的渗漏等。机器人主要处于危险状态或人无法到达的地方，完成勘探和测量任务，如火星漫游者

2.工作环境

机器人的工作环境一般分为结构化环境和非结构化环境两种。结构化环境是指机器人环境的固定布局和非结构化环境的对立面。工业机器人主要工作在结构环境下，而服务机器人的操作环境包括结构化环境和非结构化环境两种，但它主要在非结构化环境下工作。特别是，服务机器人通常必须处于人们共存的环境中，而这种环境通常是非结构化的。

非结构化环境可分为部分非结构化和完全非结构化。一些非结构化环境是指经常发生的结构环境，也称为准结构化环境，如办公室、公共建筑、超级市场、家庭房等，其特点是扁平地板、竖墙、标准走廊走廊等等。然而，在这种环境下，机器人经常与人或设备交互，如家具布局的变化，人们四处走动。要求机器人有能力在不同的对象之间灵活和友好地旅行。一个完全非结构化的环境是指随着时间的推移环境的变化，如建筑工地，荒野，水下，空气，高速公路等。目前在这种环境下使用的机器人大多是遥操作的，而不是自主机器人。

3.机械结构

机械结构通常是指机器人的车身结构。任务和工作环境决定了服务机器人的结构。根据本体结构的运动能力，可以将服务机器人分为静态类型和移动类型两种。

静态服务机器人通常在结构环境中工作，机器人与环境的相互作用较少，任务统一。在汽车加油、飞机清洗、医疗保健、残疾人等环境中，使用多关节臂结构的服务机器人往往是胜任的。与工业机器人相比，静态服务机器人的服务对象模型一般不规则，易受损伤。因此，在设计这种机器人的机械结构时，应首先考虑安全性和灵活性。静止式服务机器人也可以移动，但不用于自主驱动。

移动结构是目前大多数服务机器人本体的结构形式。移动机构可分为轮式结构、履带式结构、爬升结构、脚型结构等。结构形式的复杂性不同。当一个服务机器人在一个结构化的环境中工作时，它通常采用更简单的轮式移动机构。非结构化环境对移动服务机器人的要求更高，环境更加复杂，移动机器人的形式更加复杂，具有复杂的移动机制。

4.服务机器人的关键技术

由于服务机器人经常在同一工作区工作，因此服务机器人比工业机器人更能感知、决策和与人交互。服务机器人所涉及的关键技术主要包括以下几个方面。

（1）环境的表示。

服务机器人通常是在非结构化环境中自主运行的，需要更准确地描述环境。为特定的工作环境寻找实用、易于实现的提取、呈现和学习环境特征是服务机器人的关键技术之一。

（2）环境传感传感器和信号处理方法。

服务机器人环境传感器包括机器人与环境交互的传感器和环境特性传感器，前者包括位置传感器和姿态传感器，后者是与任务相关的特殊类型传感器，它随机器人的工作环境，如玻璃清洁传感器，窗框传感器，用于玻璃幕墙清洗机器人等，这种传感器可以是直接或间接的，往往需要使用多传感器信息融合技术来处理原始信号。

（3）控制系统和结构。

机器人控制系统和体系结构的研究主要集中在开放式控制器体系结构、分布式并行算法和多算法融合等方面。对于服务机器人控制器，它更加注重控制器的专门化、系列化和功能。在移动机器人中，基于网络的开放式控制器已逐渐成为发展的趋势。

（4）针对实时规划的复杂任务和服务.

机器人运动规划是机器人智能的核心。运动规划主要分为完全规划和随机规划。完全规划是根据环境行为的完整序列，从生物的刺激反应原理出发，而环境的细微变化将使机器人采取不同的行动行为。随机规划是-基于环境行为的零件序列规划的机器人动作决策.

（5）适应机械体结构的运行环境。

设计一个在非结构化环境中工作的服务机器人是一项具有挑战性的任务。灵巧、可重构移动载波是这类机器人成功设计的关键。服务机器人作为一个人的助手，经常与人接触，所以安全的服务机器人，友善应该首先考虑。因此，服务机器人设计指导思想和工业机器人或其他自动化机械的机制发生了很大的变化。在满足功能的前提下，应充分考虑功能与建模一体化的结构设计，如灵活性、平滑曲线过渡、外形美观、与人的亲密感等。

（6）机器人界面

机器人界面包括开发通用人机交互界面和友好的人机关系两个方面。服务机器人和工业机器人之间的显著区别之一是人们通常在与服务机器人相同的空间中。因此，安全、友好和简单是特别重要的。这里的友善有两个含义：一是指宠物的外表，拟人化，二是指操作界面应该实用而美观。

服务机器人出现的主要原因有两个：一是劳动力成本的上升，另一种是人们想要摆脱枯燥的工作，如清洁、家务、关爱病人和建筑建设。此外，福利服务的比例增加，特别是老年人，也为服务机器人创造了广阔的市场，这主要帮助老年人和残疾人更独立地生活。

目前国内外研究机构和高校都在积极开展服务机器人技术的研究和产品开发，出现了多种服务机器人系统。

（四）医疗机器人

工人加工零件是一定的报废率，也就是说一定量的废弃物是允许的，而医生的手术是不同的，失败意味着病人的健康受损，甚至生活，事情都是如此严峻。你可能看到过这样的场景：在无影灯下，心脏瓣手术是紧张的，病人的胸骨被分裂，呼吸机，体外循环机通过特别监视，助手对外科医生在手准确地递了各种设备，房间里还是一根针可以听见，护士为外科医生擦额头上的汗水。手术已经进行了3小时，病人家庭在手术室外，充满了焦虑和希望.

尽管医生的努力和努力，谨慎和谨慎，但毕竟是一个人，它会有疲劳，情绪，紧张，将有影响的手术，每一个小的遗漏将对病人的伤口，手术质量，甚至生命的影响。这就是为什么病人及其家属在手术前选择医院和医生会给病人及其家人和医生施加压力的原因。

随着现代科学的发展，计算机技术和机器人技术已经在外科领域中得到了广泛的应用。人们把头和心给一个钢铁机器人，不用担心吗？安全吗？以下事实将解除你的疑虑。

1.机器人髋关节置换术

人体股骨和髋关节的关节头呈圆形，平滑，中间有软针垫，一旦病理改变关节头会变形，且不均匀，时间长，还会有磨损的软骨碎片。治疗方法是取代髋部，通常切几英寸的肌肉，然后用锤子，在股骨上凿开孔，把金属植入。

在该萨克拉门托萨特总医院在加利福尼亚，臭虫医生正在做手术来代替骨头，在取下股骨顶端后，没有用锤子或凿子打孔，而是叫他的机器人助手。助手的身高约7英尺（约2.1米），手臂上有一只手臂和一个钻孔装置。在医生的指导下，几分钟后，病人的股骨准确地钻了一个小洞，然后医生Bug为病人植入人工髋关节，在小孔与股骨。

为了采用这种新技术，专家对狗进行了-经多次操作试验证明，其安全性和可靠性1993年十美国食品药品监督管理局获准在人类身上进行。

在这个手术中，植入物和患者的髋关节匹配是一个关键问题，有时在手术室发现一个不匹配，不得不暂时更换，而机器人系统使用计算机技术，医生可以在屏幕前，不同的模型，植入物的大小和患者的髋关节图像，充分选择更多匹配植入物。

这是世界上机器人医生在人体上做的第一次手术。

2.机器人取代膝关节

膝关节是人体的重要关节，它涉及人体的支持、行走等功能，但由于频繁活动，导致膝关节疾病患者多，只有美国每年有数以千计的人需要手术，给病人造成巨大的痛苦.

Schham教授正在研究使用这个机器人作为脊柱，大脑，眼睛，耳朵，和其他外科手。

3.机器人切除胆囊

美国医疗器械制造商建立机器人手术系统的直观手术。达芬奇手术系统，已经为多名病人从胆囊中取出.

该系统包括控制台，内窥镜和切除结扎系统，机器人的机械臂臂具有灵活的手腕，可使用各种手术器械。

手术期间，医生采用电脑屏幕观察、遥控内镜和切除结扎系统工作，可除去胆囊。

这值得一提的是，该系统已在日本引进，正在进行临床试验，系统价格-百万美元，美国医疗器械的管理一直比较严格，但是这个系统沃茨年美国食品药品监督管理局（FDA允许使用和允许市场销售成为第一个机器人技术引进美国的外科手术。

4.脑外科辅助机器人

的机器人神经外科辅助是近年来多学科交叉学科领域中最重要的研究课题之一。它基于一个计算层的扫描图像（计算机断层扫描）或核磁共振图像（磁共振成像三维医学模型，手术的颅神经手术规划和虚拟操作，最后由机器人协助定位或操作。

颅神经外科辅助机器人主要由手术计划和辅助手术两大部分组成。手术规划是以计算机图形学、CT，MRI、血管造影等影像技术为主要手段获取医学图像，并对这些图像进行处理和三维模型重建，在手术前获得患者病灶和周围组织的三维图像，通过各种模拟和交互式虚拟方法，构成“虚拟病人”。现实技术，医生可以反复治疗病人的虚拟手术，并确定最佳的手术方案。操作完成后，计划操作计划的技术参数将从规划系统转移到机器人控制器，并将图形空间的规划参数转换为机器人操作空间，映射测量和映射算法，机器人可以根据预定的操作计划完成指定的辅助操作操作。

目前，颅神经外科的发展趋势是追求安全、微创、准确，使用机器人立体定向神经外科可以满足这些要求，并在微创方法上取得良好的效果。传统治疗无法比拟。在使用机器人系统之前，有一个立体定向脑外科的框架，即一个金属框架固定在病人的头骨上，并采取CT胶片。医生通过CT确定这个框架（即坐标系）中病灶的位置，并确定手术的位置。手术过程中，在病人的颅骨上钻了一个小孔，通过探针导管将手术器械插入病人的大脑，重点是活检、放疗和切除。机器人在立体定向神经外科中的应用，可以自动计算开颅手术的位置和方向，控制探头插入深度。机器人辅助立体定向神经外科，不仅没有固定框架的病人的疼痛和不便的医生，而且还提高定位精度和操作能见度，为患者减少手术创伤。目前，航天大学和海军总医院的机器人研究所已经研制出这种机器人，并已成功应用于数以百计的临床手术案例中。

5.辅助内窥镜手术机器人

内窥镜手术是一种微创手术，已经发展了10年。与传统的开放性手术相比，它具有小创伤、减轻患者疼痛、术后快速恢复、降低医疗社会成本等优点。目前，内窥镜手术已被医学界广泛接受，数以万计的病人得益于这种技术。到今年在美国，欧洲和日本等西方国家将有%80%的腹腔镜手术用内窥镜手术进行。中国的一些医院也开始使用内窥镜手术和妇科治疗。

然而，现有的内镜手术机器人仍存在不足，主要的问题是：①手术时医生需要观察显示器上的图像，同时操作手术器械，而内窥镜需要另一位医生操作，这样不仅要花费更多的人力，而且难以保证准确内窥镜的定位和图像的稳定性，影响手术的安全因素，②医生在手术内窥镜下没有适当的触觉感觉，容易产生误操作，造成内脏器官损伤。因此，内窥镜手术的使用要求医生进行专门的训练，具有熟练的操作技能，从而影响了这项技术的普及。

为了克服内镜手术的不足，近年来，结合机器人技术、计算机图像技术、现代应用，开发了辅助内窥镜手术机器人系统的研究与开发。微创外科信息处理技术与控制技术。

辅助内窥镜手术机器人由机械手手动内窥镜代替，机械手可以实现小的运动、微定位和微操作功能，以满足内镜对人体的姿态控制和深度控制的要求。在远程手术过程中，有经验的医生可以通过控制室的视频监控器、遥控站和语音通讯，在手术室内操作机械手，并对现场进行全程指导外科医生。

辅助内窥镜手术机器人系统的关键技术有：

①机器人运动机构及微定位与操作的研究；

②和机器人协调操作系统和单片机的研究；

③实时图像处理与识别技术研究；

④基于视觉触觉信息融合的内镜主动制导技术研究

⑤多媒体信息网络在远程人机交互中的研究与协同应用

⑥安全问题研究系统.

医疗外科机器人提高了手术质量，减少了手术创伤，缩短了患者的恢复周期，减少了病人和医院的费用，等等，带来了一系列的技术变化，也将改变许多概念传统的外科手术，将对新一代外科设备的发展和发展产生深远的影响，并对医学的进步有深远的作用。从世界范围内机器人的发展趋势来看，使用机器人辅助手术将成为一种必然的趋势。

（五）军用机器人

军用机器人是一种自主、半自动、人工遥控的机械电子装置，用于完成人员以前所从事的军事任务。智能武器装备以智能信息处理技术和通信技术为核心，旨在完成预定的战术或战略任务。

1.军用机器人的战场优势

军事机器人具有以下战场优势：

（1）更高的智力优势

随着计算机芯片的不断更新，计算机信息存储的密度已超过人脑神经元的密度。此外，大量的先进技术的应用将使机器人能够迅速和完全自主地完成战斗任务后，指导决策者，以指示它通过控制系统。

（2）全面，全天候作战能力

在现代战场上，如何保护战斗人员的生命安全一直是一个悬而未决的问题，机器人的应用和发展将使这一难题得到解决。当机器人处于极其恶劣的环境中，如气体、冲击波和热辐射攻击时，它们可以保持镇定。

（3）强大的战场生存能力

与操纵武器系统相比，军用机器人具有结构简单、重量轻、体积小、机动性和隐身性能等优点。同时，由于体积小，形状和截面的设计更大的自由度，雷达反射剖面可以很小。因此，机器人采用隐身技术，其效果优于载人飞机。

（4）服从命令绝对服从

机器人没有人类对本能的恐惧，无论智力高低都将是“坚强的毅力”。

（5）降低了作战成本

一个载人系统的成本已经上升到数以亿计的甚至亿万美元，因为载人作战平台的成本正在上升，因为人才变得更有价值。但是军用机器人由于不需要人员和与之相应的生命保障设备，所以成本低。

由此可见，军用机器人可以代替士兵完成各种极端条件下的危险军事任务，绝大多数军事人员将受到保护，不受伤害，军事机器人的发展具有非常重要的实用意义。

2.军用机器人的分类

军用机器人是机器人的一个非常重要的分支。它们的形状和大小不同，军事机器人可以分为：地面军事机器人，空中机器人，水下机器人和空间机器人。

（1）地面军事机器人。

地面军用机器人主要指智能或遥控轮式和履带型车辆。它可分为自主车辆和半自主车辆。自主车辆依靠自身智能自主导航，避免障碍物，独立完成各种作战任务；半自治车辆可以在人的监督下行使，操作员在遇到困难时可以进行远程控制干预。根据大小可分为大中型地面军用机器人和微型地面军用机器人，根据功能划分可分为侦察巡逻地面军事机器人、爆炸军械处置场军用机器人，运输装载地面军事机器人和战斗机器人。

（2）机载机器人（无人飞行器）

一机载机器人（无人飞行器）是一种不带操作员的动力车辆，由空气发电厂供电，使用自主或遥控，可在单个域中重用，可进行各种任务负载。广义军用无人机系统不仅是指飞行平台，它是一个复杂的综合系统设备，由4部分组成，如飞机、任务负载、数字传输/通信系统和地面站。根据大小可分为：大中型航空机器人、小型航空机器人和微机载机器人。根据航程的持续时间和长度，可分为四种类型：长途航行空气机器人、中距离空中机器人、短程空中机器人和短程空中机器人。根据该功能可分为战术无人侦察机（TUAV），主要功能为侦察、搜索、目标拦截、军事战役管理、战场目标和作战损失评估战略无人侦察机（SUAV）：主要负责长期跟踪敌方部队、工业情报和武器系统试验监测等无人战斗机（无人战斗机）：它不仅是地面战争中的攻击平台，而且是空战和直接攻击武器的载体。

（3）水下机器人

水下机器人是一种无人驾驶潜水器，它是一种水下集成的高科技设备，除了与水下车辆的推进、控制、供电、导航等仪器、设备，还按照具有不同用途的应用，配有音响、灯光、电等各类检测设备。它适用于长时间、广泛的侦察、维护、攻击和微粒军事任务。根据该功能可分为无人潜水下潜器、无人侦察和监控水下潜油、无人潜水下的丽机、无人作战潜油装置，根据它和表面支持设备（母船M平台）之间的不同方式，也可分为远程导航ROV（遥控车）和自主水下航行器（AUV）两大类，按大小分类可分为大中型水下机器人和微小型水下机器人。

（4）空间机器人

太空机器人是一个机器人，从事各种操作进出大气层，包括飞行机器人飞进出空间，进行观察，执行各种操作，一个行星漫游器，探测其他行星上的操作太空和机器人在各种航天器中的应用。根据该功能可分为自由飞行机器人、机舱服务机器人、舱外服务机器人和行星检测机器人。

3.军用机器人的发展历史

历史上，高技术主要出现在战场上，军事机器人也不例外。早在两次世界大战中，德国人就开发并使用了扫雷和反坦克使用的遥控爆破车，美国研制出了遥控飞机，这些都是最早的机器人武器。随着科学技术的飞速发展，军用机器人的发展受到了越来越多的关注。二战后，现代军用机器人的研究始于美国，1966年来，美国海军使用机器人“科沃”，潜至750米深海底，成功地打捞出一颗丢失的氢弹。然后美国、苏联等国家已经开发出了“军用空间机器人”、“危险环境工作机器人”、“无人侦察机”等。机器人的战场应用也取得了突破性的进展。1969年来，美国在越战中，第一次使用机器人驱动的列车，为运输专栏微粒障碍，取得了巨大的成功。在英国陆军服役的机器人--“战斗机”，在反恐斗争中，不止是一场战役，屡次排除了恐怖分子建立的汽车炸弹，使人们进一步了解其巨大的军事潜力。从那时起，世界的军事力量已经开始“招募”这种不畏危险的环境，可以连续工作，不避子弹，不吃人烟花，“重兵，服务”。

随着人工智能技术的发展，各种传感器的开发和使用，据国外期刊透露，苏联、美国、日本、英国等国家都制定了宏伟计划。对于军用机器人的发展，只有美国在内的各类军用机器人的发展-各种，苏联也有许多，有的取得了可喜的结果。如美国近日装备的"曼尼胡"机器人，是致力于防止智能机器人侦察和训练的。该机器人是1.8米，行走，蹲，呼吸和出汗，其内部传感器能够感知1万盎司的化学试剂，并可以自动分析和检测有毒的性质代理，并向军队提供保护建议和净化措施。“决策机器人”，这是在外部杂志上报道，依靠“发达的大脑”为人们提供了广泛的选择的军事行动的基础上的输入或反馈。无论人们的主观意愿如何，世纪以来，在相继发生的局部战争中，军事机器人的发展推动了质的飞跃。在海湾、波斯尼亚和黑塞哥维那和科索沃战场上，无人驾驶的空中飞行器，在海里，机器人帮助人们拆除地雷，探索海底的秘密，在地面上，机器人为联合国维和部队消灭炸药，消除地雷；在太空中，机器人是火星的明星。

在短，随着新一代军用机器人自主、智能化水平的提高和逐步走上战场“机器人战”时代也不太遥远。美国的未来主义者预测，战场上的机器人数量将超过2020岁的士兵数量。一个高度智能，多才多艺，灵敏，灵活，高效的机器人群将逐步接管一些军事的战斗阵地。机器人的形成和组织进入战斗前线，这不是一个神话，未来军事机构将会有“机器人力量”和“机器人军团”。尸体，血腥的战斗恐怖场面可能成为历史与机器人军团的诞生。在战争阶段大规模的机器人将带来军事科学的真正革命。

（六）工程机器人

工程机器人通常是指在建筑、室外或野外施工中代替人的机器人。这种机器人是在传统的工程机械的基础上发展起来的，有时被称为机器人机器。也许从外表上看不出机器人工程机械与传统工程机械的区别，而是在传统的工程机械基础上结合机器人技术，一台智能机，更高效，更好的工作质量，提高操作性能，降低操作员劳动强度和操作技术水平。下面是一些典型的工程机器人系统。

1.喷浆机器人

喷射混凝土。喷射支护在铁路、公路隧道、矿井巷道、水利水电涵洞、地铁及各种地下工程中得到广泛应用，采用了喷射支护方法。与传统的木材和钢梁支护方法相比，喷射支护不仅能节省大量的木材和钢材，而且具有施工速度快、支撑效果好等优点。传统喷射支护作业是人工喷浆，这种操作方式存在使工人不敢抬头睁开眼睛的飞沙走石，导致无法维护喷枪和喷涂表面。垂直，也不能使枪口和喷涂表面保持最佳距离。这样不仅使混凝土的回弹率高，而且浪费严重，混凝土结构密度不同，不能保证喷涂层的质量。此外，对于大断面隧道，人工喷混凝土还需要建造脚手架，影响施工进度，以及人工费用材料。喷浆机器人可以在所有需要喷射混凝土的工程中使用，可以代替人们进行具体的喷涂操作，效率高，质量好。大型喷浆机器人已在我国发展，并在实际工程中得到应用。

2.压路机机器人

在公路、铁路、机场、码头等交通和水利工程建设中，压路机是一项必不可少的施工机械。普通滚筒在施工效率和压实中的应用难以满足高档工程的需要。振动压路机采用大的励磁力辅助压实方式，效果深度大，生产效率高，但由于轧辊的振动工作方式，驾驶员处于强振动的工作环境中，长时间的高噪声，不仅劳动强度大，而且损害身心健康。

如果机器人技术和滚筒能结合起来，增加遥控和独立操作功能，就能改变传统的振动压路机的缺点。中国国防科技大学与江脚下-浩利机械公司联合开发w1102dz型无人振动压路机，并应用于实际施工。它采用远距离遥控，自动编程控制两种操作方式，同时保留原有的人工驱动功能，具有较高的施工效率，压实质量好，操作人员劳动强度低，是铁路、公路、机场、码头等大型高档工程的理想压实设备，尤其适合堤防、危险和极端环境条件的开采，隧道、沟渠等压实工程。

3.隧道凿岩机器人

隧道开挖是现代交通、水电、矿山、军工等大型基础设施建设中的一项艰巨、耗时、重要的工程。隧道掘进法和钻孔爆破法在隧洞开挖中普遍采用。前者是一个大型复杂的掘进机，具有类似的机械切割方法，一旦整个隧道段成型。该施工方法具有掘进速度快、安全可靠等特点，但采用该方法的全断面TBM造价昂贵。钻孔爆破施工方法较灵活，断面适应性好，设备成本较低。

凿岩设备是钻爆法施工中的主要设备之一。早期液压凿岩设备全部由人工操作，操作人员技术程度差异往往会引起严重的“超挖”或“挖”，对工程造价和工期有不利的影响。影响。将计算机和自动控制技术引入液压凿岩设备后，形成了一种具有机器人特性和全自动凿岩机器人的半自动计算机辅助凿岩机。这种凿岩机主要用于隧道开挖，被称为隧道凿岩机器人。

4.树锥采集机器人

在森林生产中，为了进行林木种苗，在树锥成熟期必须采集锥体以获得树种。采摘森林锥是多年来的一个问题。目前，林区主要采用人工树手持专用工具采摘林锥，工人劳动强度大，操作安全差，生产效率低，而且有distylium的危害。为了解决这一问题，东北林业大学开发了一个成功的树锥捕获机器人。

树锥采集机器人由机械手、行走机构、液压驱动系统和计算机控制系统组成。机械手由旋转圆盘、支柱、大臂、小臂和收集爪组成，机械手具有5自由度。爪是一个两个形状的，梳状的剪辑，可以打开和关闭。在树锥的收集，机器人停放在距离从Distylium 3~5 m，操纵机械手瞄准树枝被收集，然后，爪靠近树枝，两个梳子夹关闭和回滚，采摘锥和收集他们在爪。完成拾取后，重复上述操作。滚动几个分支后，锥形被倒入汽车的水果盒中。不同齿间距的梳齿可用于采集多种树锥。试验表明，该锥收集机器人可以从每个松树锥中收获，这是30-50倍的采摘树木。此外，它对distylium和高净采率的损害较小，对森林的生态保护和林业的可持续发展具有重要意义。

移动机器人的应用范围越广，其研究的方向和可实现的功能就越多。目前，以移动机器人为具体研究对象的技术研究主要体现在以下几个方面：导航与定位、多移动机器人、多传感器信息融合、路径规划、轨迹跟踪控制等。

导航和定位是移动机器人研究的两个重要问题。移动机器人运动的导航方式是在移动机器人运动前先设定好其运动轨迹，设置控制器使轮式移动机器人尽量按照预定的路线运动。移动机器人要想在多种多样的、未知的以及复杂的周边环境中进行良好准确的定位，并且准确、快速以及高效率的完成移动机器人的导航。移动机器人将定位导航分为以下三个步骤：第一，确定移动机器人现在到底身在何处？第二，移动机器人即将要往哪个方位移动？第三，移动机器人该如何快速准确的和高效率的去即将要想到达的目的地？这三个步骤是移动机器人准确、快速以及高效率完成移动机器人定位导航功能的有效保障。第一个步骤的实质就是有关机器人的位置确定问题和周边环境确定问题，即是定位和周围环境构建地图问题；第二个步骤和最后一个步骤的实现是在完成地图构建基础之上，对自身未来的移动方向做一个准确有效的规划，以便快速精准的到达想要到达的地点，完成指定的工作任务。赵建伟等人根据GPS工作原理，设计了GPS定位模块，分别对移动机器人在室内和室外进行定位和导航实验，结果表明GPS定位模块可实现移动机器人路径回放功能。

由于现有机器人的传感器的水平与控制器的水平的限制，若要实现移动机器人的自主定位导航功能，还需要科研工作者在此研究方向的不懈努力。而无人驾驶、扫地机器人、多功能服务机器人、救援机器人等研究都需要实现自主定位与导航功能。因此，自主定位和导航技术的研究也就成为了智能移动机器人研究这一科学领域的首要问题和核心问题。

目前对于单个移动机器人的研究已经不断完善，也有了很多投入生产生活的实例，比如各个公司推出的扫地机器人、服务机器人和导游机器人等。但由于单个机器人的应用的局限性，所以更多的学者着眼于研究多移动机器人系统的研究，多机器人系统的研究成为一种势在必行的趋势。多机器人的工作状态是分配一个多机器人系统任务后，系统组织另外的多个机器人去协调配合完成任务，此过程必须保持整个系统的稳定性。李月等人基于“领航者－跟随者”的编队思想，通过扩展卡尔曼滤波与运动补偿技术设计了一种基于简单传感器的相对定位系统，实现了多机器人在未知障碍环境下的队形并保持与队形变换。多移动机器人不同于多个单移动机器人的地方在于，多移动机器人具有自治性和社会性的特点。多移动机器人的自治性表现在可以根据给定的目标自主决定实现目标的自身行为；社会性在于多个移动机器人之间可以存在社会性的行为，比如协作完成一项任务等。这比起单个移动机器人的研究来说更加具备挑战性和重大意义，例如，在较大场景的环境中多个机器人联合构建地图会比单个移动机器人构建地图效率更高，或者大型的仓储物流中多移动机器人的效率也将远远超过单个移动机器人。当前多移动机器人系统（Multi-agent system，MAS）的研究也正是研究热点，例如，由哈佛大学Radhika Nagpal和Michael Rubenstein担任开发的Kilobot，是一种低成本的群聚移动机器人，通过编程可以使得Kilobot实现群聚和编队的功能。

随着移动机器人运用环境的复杂化，基于多传感器信息融合技术的研究开始崛起，并得到广泛的应用。多传感器融合技术是指移动机器人系统通过多个传感器收集到其运动时的各个方位的信息，并进行综合处理的一门高科技术。吕漫丽等人依据多传感器信息融合技术分析、建立和实现机器人运动模型来达到补充信息和协同信息的目的，从而实现控制轮式机器人运动的作用。目前，智能移动机器人应该具备自主移动能力与对周围环境变化的适应能力，同时应具备与其它机器人或者上位机的交互能力。即自主性、交互性、适应性。自主性是指移动机器人不依赖外部控制，根据内部程序指令，自主的执行相对应的任务。交互性是指机器人能够与人或者外部环境进行信息交流，与其他机器人或者上位机之间进行通信。适应性是指机器人能够通过其自身所带的传感器识别周围环境信息与周围的障碍物，并自主调整机器人的控制策略和参数。移动机器人与智能算法的结合使得移动机器人对于外界环境的感知、预知规划以及控制方面都具备了智能化。因此，移动机器人能够判断出在已知或未知的环境中自身的位置和所行走的环境信息，能够构造出一个关于行走环境空间的实时模型，并按照所构造出的环境模型规划出一条符合预先设置的能够避开障碍物的运动轨迹。但是随着移动机器人技术在其应用领域内的不断发展，移动机器人所行走的空间环境的复杂程度也在不断的提高，比如，已知静态环境中存在的静态障碍物和运动障碍物。未知的静态环境和动态环境中也依然存在着静止状态下的障碍物和运动状态下的障碍物，它们都会使得移动机器人的路径规划变得来越来越困难。因此在提高移动机器人的智能化要求的同时，研究移动机器人的路径规划技术也变得尤为重要。

在移动机器人的应用问题中，移动机器人路径规划是十分重要的一项应用。移动机器人路径规划技术是保证其导航能力顺利实施的基本条件之一，只有预先设定好运动路径、准确定位以及成功避开障碍物等功能，移动机器人才能顺利导航，可见路径规划技术的重要性。将移动机器人路径规划技术应用于焊接、抢险救灾等任务的时候，可以节省大量的工作时间、提高工作效率、减少机器损耗，与此同时，也会节约人力投入、资金开支，这些优点促使移动机器人路径规划技术在近几年有着飞速的发展。路径规划在移动机器人的研究中占有十分重要的地位，也是当前机器人研究领域的一个热点难点问题。路径规划问题可以描述为移动机器人从规定的起点开始，按照某些规则且可以避开障碍物到达目标的最短路径方案。将移动机器人的环境信息进行数学建模处理，路径规划问题就可以转变成求解对一个有约束条件的连续函数进行优化的问题，以达到使机器人完成路径规划、定位和避障等要求。路径规划问题归根结底是利用移动机器人所处的环境信息，建立一个合理的模型，利用各种智能算法求解得到一条无碰撞最优路径。在该路径中，能够避免或处理移动机器人所遇到的误差和不确定性因素，使路径规划达到最优。总结起来，移动机器人路径规划就是解决如何利用当前的环境信息转换成一个数学模型，从而得到更好的路径选择。如果从对环境信息的掌握程度来划分的话，移动机器人的路径规划可以分为全局和局部两种路径规划类别。其中在全局路径规划中，移动机器人在信息充足且对环境信息完全可知的情况下进行的路径规划；而局部路径规划则需要通过传感器对移动机器人行走环境信息进行探测。基于电子商务仓储物流的任务特点，沈博闻等人综合考虑曼哈顿路径代价和等待时间代价的机器人调度方法，制定了适于仓储物流环境的机器人运动规则。

根据移动机器人对所行走的环境信息的探知程度，可将移动机器人行走的路径规划分为两种类型：一种是环境信息完全可知情况下的全局路径规划；一种是通过传感器对移动机器人行走环境信息探测的不确定的情况下的局部路径规划。全局路径规划是移动机器人在对环境信息完全可知时的路径规划，主要采用的是可视图法和栅格法。局部路径规划是依赖于传感器的探测信息，主要方法有人工势场法和模糊逻辑法等。

可视图法是通过对移动机器人行走环境中障碍物进行分析得到的二维环境模型。在可视图法的二维环境模型中将实际环境中的障碍物用近似的多边形替换，连接移动机器人、起始点、各个多边形的顶点以及目标点形成一条可以看得见的直线即为可视线，且各个障碍顶点之间以及起始点、目标点和移动机器人之间的连线不能与障碍物相交，也就是说要避开所有的障碍物。搜索最优路径问题就是通过采用搜索算法寻找从起始点避开障碍物到达目标点的最短距离。可视图法的建模时间短，使用的存储空间较少，实现移动机器人路径规划所用的时间也相对较短，但是如果移动机器人行走环境中的起始点和目标点发生变化就会导致开始设置的可视图法不能适应，就要重现构建一副可视图环境，这就使得算法复杂化，且不能很好地适应环境。

栅格法是将移动机器人行走的三维环境空间转化为二维环境模型用大小相等的矩形栅格划分环境，并对环境中的可行域（白色栅格）和障碍物（黑色栅格）进行区分。栅格法的全局路径规划就是从起始点开始，只能在白色栅格中行走，到达目标点所走的最短路径。栅格法是一种有效的环境建模方法，因此其应用得范围越来越广。

人工势场法是一种虚拟力法，是通过将移动机器人行走的空间环境中障碍物和目标点作为虚拟力场中的斥力和引力。人工势场法应用简单，但是如果当移动机器人行走环境中的障碍物比较密集就会产生很大的斥力，当这个斥力大于引力时，机器人的行走轨迹就会发生偏离，造成无法到达目标点的现象。

机器人通过传感器对外部环境的探测，获取的外部环境信息是不确定的、模糊的，而模糊逻辑法则可以很好的处理这种通过传感器探测得到的不确定的、模糊的信息，且可以将误差影响最小化。

在已知地图信息的情况下需要解决路径规划问题，然而对于未知地图环境，还需要解决地图构建的问题。其中导航的问题主要是路径规划的问题，解决当前位置到目标位置的最优路径解算的问题。近年来，机器人定位导航算法得到了广泛的研究。虽然在已知环境中已有很多的解决办法，但是如何在未知环境中创建地图，同时利用地图信息来自主定位与导航已经成为近年来机器人研究的热点。在众多的研究方法中，SLAM算法（Simultaneous Localization and Mapping，同时定位与地图创建）则是移动机器人的定位、周边地图建立、路径规划方法中最为典型的一种方法。而在所有的地图构建和定位（Simultaneous localization and mapping，SLAM）算法中，目前比较流行的算法有单目视觉SLAM、双目视觉SLAM、激光SLAM和RGB-SLAM等。在上世纪80年代，研究者开始利用SLAM算法对未知环境中的机器人自身位置进行定位，根据传感器所获取的信息进行增量式的构建环境地图，利用地图更新自身位置，为移动机器人在未知环境中进行准确的定位和导航的研究工作提供良好的基础。针对移动机器人的SLAM算法，目前主流方法集中于基于概率的机器人地图创建与定位技术，即移动机器人的算法主要是基于概率算法提出的，其中典型算法卡尔曼滤波器、扩展卡尔曼滤波器、稀疏扩展信息滤波、粒子滤波器、最大似然估计以及马尔可夫定位。基于扩展卡尔曼滤波的方法是SLAM算法实现中常用的方法，传统的基于卡尔曼滤波的SLAM算法只适用于线性系统，虽然基于扩展卡尔曼滤波的SLAM算法适用于非线性系统，但是噪声应满足高斯分布，精度不高，且缺乏自适应能力；而粒子滤波是通过统计概率密度函数的粒子集对状态向量进行预测、更新，计算量非常大，难以满足导航系统实时性的需求；快速定位与构图（FastSLAM；rao-blackwillisd simultaneous localization and mapping）将SLAM问题分为机器人位姿估计和环境路标估计两部分，运用粒子滤波（PF；Particle filter）进行机器人位姿估计，运用扩展卡尔曼滤波（EKF；extended kalman filter）进行路标估计，使计算量大大降低，而且精度更高，但是存在粒子耗尽问题。

移动机器人的轨迹跟踪控制技术是基于路径规划技术来研究的。要检验移动机器人是否按照设定好的路径运动，并且在一定的时间内到达目的地时，就必须采用轨迹跟踪控制技术来实现这一要求。针对非完整轮式移动机器人的轨迹跟踪问题，郭一军等人基于李亚普诺夫方法和系统运动学模型设计了轨迹跟踪控制器，能够使系统快速收敛，具有全局稳定性。移动机器人的轨迹跟踪控制系统中，由于外界未知干扰的存在以及系统自身的不稳定性缺点，使得轮式移动机器人实际的轨迹与期望轨迹之间总是存在误差的。为了消除这种误差，各种轨迹跟踪控制技术应运而生。目前，轮式移动机器人轨迹跟踪控制方法大致分为自适应控制，鲁棒控制，神经网络控制，反演控制，滑模控制和模糊控制等。

反演控制（Backstepping Control）方法是近年来研究非线性系统反馈控制律的热点之一。反演控制方法的基本思想是通过构建Lyapunov函数推导出系统的控制律，采用逆向思维的方法进行设计。基于反演控制技术的移动机器人控制器的设计可以有效地解决不确定性系统的稳定性。针对高阶不匹配不确定非线性电液伺服系统，乔继红基于反演控制的思想和Lyapunov理论方法，提出一种动态面反演控制策略，以实现对电液伺服系统的位置控制。基于backstepping方法，徐俊艳等人实现了对移动机器人的全局轨迹跟踪控制。

模糊控制（Fuzzy Control）方法克服了传统算法的不足，在移动机器人的轨迹跟踪研究中体现出的控制效果相较于一般控制更优，且具有轨迹跟踪稳定和精度较高的优点。移动机器人是一个典型的时延、非线性不稳定系统，而模糊控制充分发挥其不需要数学模型、运用控制专家的信息及具有鲁棒性的优点而得到广泛的应用。吴忠伟等人基于模糊控制方法和Lyapunov理论，设计了一种具有模糊规则的滑模控制器。

滑模控制（Sliding Mode Control，简称SMC）在本质上是非线性控制技术的研究产物。由于模型参数的改变及未知扰动的存在对滑模控制器的设计没有影响，能够迅速收敛，算法简单，对模型要求低，没有在线识别系统的优点广泛应用于移动机器人控制。20世纪末，结合滑模变结构控制与模糊控制、反演控制、干扰观测器等优势构成的先进滑模控制方法的研究已成为新的流行趋势。张扬名等人设计了一种连续状态快速反馈的滑模变结构控制器，实现了非完整移动机器人的误差跟踪控制。针对轮式移动机器人建模系统中存在的误差和外界干扰，闫茂德等人基于反演控制和自适应滑模控制相结合的思想，实现了全局渐进稳定的轨迹跟踪控制。李文波等人采用神经网络补偿的方法，设计了一种快速光滑终端二阶滑模控制器，提高了控制的速度和精度。

对比以上移动机器人的移动机构形式，目前轮式移动机器人的轨迹跟踪研究存在的主要问题有两方面：一是针对复杂的路面状况，如遇到三维空间中斜面需要爬坡或有障碍物需要避障时，系统如何保持其稳定性并继续运动；二是考虑外界存在各种干扰因素时，系统如何有效的克服干扰并实现良好的轨迹跟踪控制。

近几年，基于群智能算法的移动机器人研究发展也十分迅速。群智能的概念最早由Beni，Hackwood和Wang所提出。群智能的个体组织非常简单，但是它们的群体行为却比较复杂，比如鸟群、蚁群、蜂群、菌群、鱼群等，它们在集体活动时看起来是杂乱无章的，但细心的研究者们却能从中找出它们的各自行为之间的联系，从而形成了一种新型的仿生进化算法即所谓的群智能优化算法。群智能优化算法是模拟种群个体之间的觅食和进化行为，并将其转变为优化算法中的搜索和优化过程，将自然界中的个体转变为优化空间中的点，将种群对环境的适应能力转变为优化算法中的目标函数。群智能优化算法具有很好的鲁棒性和分布式计算机制，且群智能优化算法的应用领域非常广泛，如TSP问题、函数优化、数据挖掘、机器人路径规划等，并有很好的优化效果。

人工鱼群算法（Artificial Fish Swarm Algorithm，AFSA）是由李晓磊提出的一种模拟鱼群的觅食、聚群、追尾等行为的新型群智能优化算法。近年来，大量的研究者们对于人工鱼群算法的研究出现了许多有意义的研究成果。人工鱼群算法具有并行性、简单性、寻优速度快且全局寻优能力强等特点，能够有效的提高移动机器人路径规划的速度。然而，分析现有的研究成果，不难发现在人工鱼群算法的应用过程中，主要存在如下缺陷：首先，人工鱼个体的视野和步长是固定不变的，视野的不变性会导致算法后期的收敛速度变慢；而步长的不变性会影响最优解的精确度；其次，传统人工鱼群算法中的个体本身不具有变异机制，从而降低了种群的多样性。人工鱼群算法是一种连续的优化算法，移动机器人路径规划又是一种离散的规划方式，仅有很少的文献对人工鱼群算法应用到移动机器人的路径规划中，因此对人工鱼群算法来说，要将其应用于机器人的路径规划中是一个难点问题。

第四节　机器人涉及的相关理论及技术

机器人技术属于一个多学科和技术交叉融合的高技术领域。机器人是具有感知、思维和行动功能的自动化机器，是机构学、测试技术、制造技术、自动控制、计算机、人工智能、微电子学、光学、通信技术、传感技术、仿生学等多种学科和技术的综合成果。本节简要介绍机器人涉及的相关理论及技术。

一、机器人涉及的基础理论

机器人学是研究机器人设计、制造和应用的学科，也是一门非常跨度非常大的学科。它涵盖了广泛的基础领域，如数学，运动学，力学，控制理论和人工智能等。从理论应用的角度来看，主要有以下几个方面。

（一）机器人基础理论与方法

包括机器人结构分析、运动学和动力学建模、机动和运动规划，机器人优化设计，自动控制和智能化。

（二）机器人仿生学

包括仿生运动学和动力学、仿生机构学、仿生感知和控制理论、仿生器件设计和制造等。

（三）机器人系统理论

包括多机器人系统理论、机器人与人融合，以及机器人与其他机械系统的协调和交互。

（四）微机器人学

包括微机器人的分析、设计和控制理论等。

（五）移动操作机器人理论

包括复杂多链空间机器人机构学、步态规划与稳定性、多链协调与控制等。

二、机器人涉及的技术

机器人所涉及的结构设计与制造技术，操作执行技术，驱动控制技术，检测技术，机器人智能技术，测试评估技术，人机交互和融合技术，通信技术等技术都是非常实用的学科。

三、移动机器人国外研究现状

20世纪是人类社会迅猛发展的一个世纪，许多的技术发明在这个时代诞生，也随着科学技术的飞速发展，机器人的研究也逐步的进入人类的视野。一方面，由于传感器技术、计算机技术和机器制造业的迅猛发展，机器人技术也随之得到了良好的发展条件，这也使得更多的科学研究工作者投入到机器人研究。另外一方面，机器人普遍应用于服务、国防、探险等领域，这也使我们真正进入了机器人时代。

1939年，一款名为Elektro的家用机器人出现在美国世博会上。该机器人可以行走，能够说出简单且有限的单词，甚至可以抽烟，但它身后由电缆控制。移动机器人技术在20世纪30年代就开始在小说中出现，到了20世纪50年代科研工作者逐渐开始关注移动机器人领域的研究。1956年，乔治·德沃尔制造了第一台可编程机器人，使机器人具有了更大的灵活性。1959年，世界上第一台名为尤尼梅特的工业机器人诞生在德沃尔与美国发明家约瑟夫·英格伯格之手。英格伯格设计了机器人的机械部分和操作部分，意味着机器人有了“手”和“脚”，而德沃尔设计了控制和驱动部分，使机器人有了“大脑”和“肌肉”。尤尼梅特设计之初重达两吨，通过磁鼓上的一个程序来控制，它的精确率达1/10000英寸。

自从第一个自主移动机器人在20世纪60年代诞生以来，移动机器人自主定位与导航技术就成为众多科学研究者研究的热点问题。1962年，美国AMF公司创造的VERSTRAN机器人向全世界出售，这才掀起了机器人发展的热潮。从此机器人的发展步入高速发展的阶段。移动机器人技术虽然从上世纪六十年代才开始正式的成为机器人研究领域的一部分，但是移动机器人的研究发展则是非常的迅速。NilsNilssen和 Charles Rosen 等人于1969年在斯坦福机器人研究所成功地研制出了世界上第一个智能移动机器人并且取名为Shakey，此类机器人可以实现自主避障和运动目标的跟踪，Hans Moravec在斯坦福机器人研究所成功研制出了名为“CART”的移动机器人，CART移动机器人能够利用视觉传感器进行避障，利用多幅图像构建二维环境模型，从而实现定位与导航功能。从斯坦福研究院（SRI）的 NilsNilssen和 Charles Rosen 等人花了三年时间研发的第一个名为Shakey移动机器人问世开始，移动机器人技术的研究发展就变得一发不可收拾。1968年，第一台智能机器人诞生于美国斯坦福研究所。该机器人虽然体积比较大，但是可以完成一系列预先设置好的指令完成任务操作。智能机器人的诞生展开了机器人研发的新篇章，具有十分重要的历史地位，同时也为更先进的机器人研发打下了基础。1969年，被誉为“仿人机器人之父”的加藤一郎，在早稻田大学研发出了真正意义上的第一台仿人机器人。

20世纪80年代后，随着传感器技术、计算机技术和机器制造业得到的迅猛发展，为机器人技术发展创造了良好的条件，移动机器人可以通过自身所携带的多种传感器感知周围环境信息来完成各种功能，机器制造的成熟也为机器人发展奠定了基础。从80年代开始，传感器技术以及信息处理技术的迅速发展，具有环境探测能力的机器人应运而生，这也促使了全世界研究者们对于室外移动机器人研究的狂潮。由于在80年代对于智能化机器人的要求过高导致了室外机器人的研究并没有达到预料中的效果，但是移动机器人技术也在这个时期得到了大力的发展，并未将来的机器人智能化打下了坚实的基础。20世纪80年代之后，制造业主体转向了亚洲，导致了日本机器人的快速发展。1978年通用工业机器人PUMA的诞生标志着工业机器人技术已经完全成熟。

进入90年代后，随着智能控制的发展，应用领域的不断拓展，移动机器人的开发也越来越向实用型研究发展。20世纪90年代后，随着智能控制技术的发展和各种优化算法的相继提出，使得移动机器人在智能控制、自主规划、自主推理方面得到了更深层次的研究。美国研发的八足行走机器人“丹蒂”就是一个实用型高性能的移动机器人，从1994年它完成了对斯珀火山的探险就可以看出他的高性能和实用性。在20世纪后期，移动机器人的研究更是进入到智能控制的高层次领域的研究，其目的是研究移动机器人在真实的环境空间下的自主运行和自主规划的能力，而且移动机器人的研究也由原来的研究动力方面转向了外星探索和智能交通控制技术方面。在这一阶段，机器人技术的发展几乎都是以美国为主，所以在一定的程度上可以说美国是机器人的诞生国。美国研发的火星探测移动机器人“索杰那”在1997年成功的登录火星，证明了移动机器人的成功转向，并在世界上掀起了不小的研究热潮，也为后续的移动机器人对太空探索的研究奠定了基础。1998年德国成功研制了一种轮椅式移动机器人，该机器人成功的完成了在拥挤的公共环境内行走36个小时，它所展现的性能也是无可比拟的。

20世纪末期，随着移动机器人定位技术、路径规划、运动控制技术不断地发展，定位导航技术在自动驾驶汽车行业中也进行了深入的研究，谷歌自主研发的无人自动驾驶汽车使用位置评估器、摄像头、激光雷达观测周围环境信息，计算机通过摄像头传感器与激光雷达获得车体周围的3维环境地图，判断周围环境的车辆行人状况，从而实现自动驾驶功能。

到了2000年之后，机器人就开始全面走向了工厂。直到21世纪，移动机器人技术开始飞速发展。在2001年4月MDA公司开发的Canadarm2被称为移动服务系统（Mobile Servicing System，MSS），它是一种在太空空间站中使用的机器人系统。Canadarm2在空间站中具有移动机器设备，援助周围的空间站，支持宇航员在太空中漫步等其他功能，具有非常重大的意义。同年4月，美国军方的全球鹰计划无人机（Unmanned Aerial Vehicle，UAV），成功地从加利福尼亚的爱德华兹空军基地到澳大利亚南部的爱尔兰皇家空军基地，在太平洋上空进行了第一次自主直飞。2002年美国iRobot公司研发了第一台吸尘器机器人，它不仅能自动进行路径规划，还能轻松避开障碍物，当电量即将用尽时，它还可以自动驶向充电座。这也是当今扫地清洁机器人的雏形，解决了已知环境中的路径规划问题。2003年1月3号和24号发射的“勇气号”和“机遇号”两个火星探测器，在2004年1月25日成功的登上月球成功登上月球。标志着人类对移动机器人技术的研究达到一个前所未有的高度。“勇气号”和“机遇号”在火星表面运行时间远远超过预期，截至到2018年中期，“机遇号”火星探测器仍然保持通信。

2007年，TOMY推出了娱乐机器人i-sobot，这是一种人形双足机器人，可以像人类一样行走，在“特殊行动模式”下进行踢腿和拳击以及一些娱乐性的技巧和特殊动作。2008年11月7日，日本东京营救机器进行反恐演习，为防止一名模拟受害人受放射发散装置的危害，该机器人将放射发散装置放在自己身上。2011年，日本研发中心研发的“Monirobo”移动机器人成功参与了福岛核事故的清理与救援工作；2012年谷歌公司成功研发了无人驾驶的汽车系统。随着移动机器人的多元化，移动机器人技术的研究也越来越深入化，为人类的发展和进步贡献力量。到2015年7月，一家由机器人组成的酒店在日本长崎县佐世保市开始运营。其中包括清洁机器人、引导机器人、还有帮顾客拿东西的机器人。机器人的使用大大降低了人力劳动力。

2016年，一款最新升级版的Atlas人形机器人在美国诞生，这款机器人除了可以完成模仿人类行走的基本任务外，还可以完成不同状况下的搬运任务。当在任务过程中，有其它干扰行为产生时，该机器人仍能克服困难继续完成任务。Atlas的外壳材质都是采用了航空级铝钛材料，拥有超高坚固性，不易受损，它拥有四个液压驱动的四肢以及28个液压关节，头部还配备两个视觉系统：激光测距仪和立体照相机。它的脑袋两侧一直会有感光的元器件闪烁，正脸安装一个高速旋转的东西，类似雷达探测、物理识别系统。Atlas机器人能够自主完成开门指令，外出行走在雪地中，当机器人在雪地上遇到滑脚时，在即将滑到的一瞬间，机器人的自平衡控制系统立即调整机器人姿态，使之保持平衡，并继续完成行走任务。Atlas还能够胜任很多不可思议的任务，例如：开门、搬运、奔跑，甚至可以开车、连接消防水管。业界都将其视为“最先进的机器人”。Atlas机器人被阻挠后，仍可以迅速保持平衡，继续完成任务。

四、移动机器人国内研究现状

机器人技术是一种高新技术产业，由于国家对这种高新技术产业的重视度较高，虽然国内移动机器人研究比国外要晚上许多年，但是在经历了几十年的研究发展，已经有了不小的进步。

从机器人应用的环境出发，中国科学家把将机器人分成工业机器人和特种机器人两类。工业机器人就是应用于工业领域的具有多关节机械手或多自由度的机器人。而除了工业机器人以外则可以成为特种机器人。特种机器人即相对于工业领域的特殊种类的机器人，包括军用机器人、家用机器人、农业机器人等等。

我国的机器人发展可以分为三个阶段：

（1）70年代的萌芽期

我国在20世纪70年代开始正式地大力发展移动机器人的研究工作，早在1972年，中科院沈阳自动化所便展开了机器人的研究工作。1977年，我国第一台微操作机器人系统在南开大学开发成功，主要用于生物实验。

（2）80年代的开发期

1985年，我国第一台水下机器人成功问世，该机器人重达2000公斤，在水下成功下潜60米，标志着我国机器人技术的发展展开了新的篇章，成为我国机器人发展的里程碑事件。随后，其他水下机器人、载重机器人相继问世。1988年身高3.1米的载人水下机器人在中国船舶总公司702所研制成功。

（3）90年代后的成长期

1986 年我国成立了 863 计划，当时机器人的研发和发展还处在理论研究和探索阶段，从那个时候开始国家意识到对移动机器人的发展只有通过自主创新、自主研发、有自己的核心技术、提高创新能力才能在飞速发展的科技中占有一席之地。在我国的863计划中，“6000米无缆自治水下机器人”获得了耀眼的光环，并一举夺得2000年国家十大科技成果奖。2006年，世界最大的载人潜水器“海极一号”研制成功，其深达7000米的工作深度，领先世界同类产品。近年来，我国的航天航空技术也展现了强大的技术实力，“玉兔号”探月车在2013年顺利到达月球，并按照原计划完成一系列科研科考任务。“玉兔号”的研制成功，意味着我国的移动机器人研究已经取得了长足的发展，并处于全球机器人研究的先进水平。近些年来，我国机器人研究也取得了许多的成果，1994年清华大学通过了对移动机器人的鉴定，提出了移动机器人研究方面的几个关键技术分别是路径规划、传感器技术以及信息融合技术；1996年哈尔冰工业大学成功研制了导游机器人，是一台自主方式的移动机器人；

（4）21世纪的发展期

中国国防科学技术大学于2000年成功研制出了我国的第一个仿人形移动机器人，起名为“先行者”，该移动机器人不仅具有步行能力且具备语言表达能力；这也使得我国正在仿人形机器人领域取得了重大的突破。中国科学院自动化研究所于2000年设计制造了我国第一台智能轮椅平台，此平台安装了红外线传感器、超声波传感器等多传感器融合的导航系统，可以实现对前方的障碍物进行检测并自动进行避障，通过传感器检测前方的沟或坑，自主的停止向前运动，避免倾翻或跌倒；清华大学于2003年成功地研发出了THMR-V无人车，并且在移动机器人路径规划的仿真技术研究、基于传感器的局部路径规划技术研究、基于地图的全局路径规划技术方面都做了大量的研究工作，这些研究成果标志着我国在无人车领域取得了飞跃发展。此外，中国科学院自动化所于2003年成功制造了集各种功能与一身的全方位的移动机器人。它主要包括传感器系统、导航与定位系统、语音识别系统、视觉系统以及运动控制系统，能够自主的探测本身所行走环境空间的信息，通过对外部空间环境的获取，可以自主的进行运动控制，如避开障碍物寻找一条最优的路径行走，并可以实现轨迹跟踪控制。2009年我国成功研制了第一台生命探测井下救援机器人，它不仅能在恶劣的环境中行走，还能够通过自身的光学监视装置探测井下情况，并通过网络实时传输图像。该机器人的成功研制，使得我国在井下救援时取的了很大的进展。2013年“玉兔号”移动探月车成功登陆月球表面，标志着我国在移动机器人方面取得了重大的突破，这一历史转折表明我国在移动机器人领域已经占据了一席之地，也标志着我国在移动机器人方面取得了很大的进展。

国内移动机器人的研发虽然起步慢于国外，但是一直紧追不舍。从2002年到2017年，从泊车领域的AGV到仓储物流的AGV技术的发展十分迅速，AGV移动机器人在领域中的渗透率不断提高。对于AGV的技术，目前比较成熟的方案有轨道—磁条方案、激光雷达方案和视觉—二维码方案。

2002年，中国科技部将深海载人潜水器研制列为国家高技术研究发展计划（863计划）重大专项，2009年至2012年，蛟龙号潜水艇接连取得1000米级、3000米级、5000米级和7000米级海试成功。2012年6月，在马里亚纳海沟创造了下潜7062米的中国载人深潜纪录，这也是世界同类作业型潜水器最大下潜深度纪录。

研究学者受自然界诸多群体行为的启发，不断探究多智能体的奥秘。主要围绕多移动机器人具备的自治性和社会性的特点研究，集中研究多智能体的编队控制问题、协调控制问题、分布式控制问题以及协同控制中的一致性问题等。受自然界群体行为的影响，多智能体的研究也遵循自然界生物系统集群行为的三条准则：

分离性，每个个体都会避免与其他个体之间的冲突相撞；

队列性，单个个体的运动会朝着群体的平均速度的方向靠拢；

群聚性，一个群体之中，每个个体之间的距离不会相隔无限远，总是会在一定的范围内。

对于多智能体系统的应用非常广泛，可以应用到地图构建和协作完成指定任务等方面，以弥补单个移动机器人应用场景。就地图构建而言，目前主要包含两种类型，一种是基于已知环境的地图构建方法，也可称为地图重建；另一种是基于未知环境的地图构建方法没有任何先验知识，只能通过传感器及时采集的信息构建地图。在二维未知地图环境中，SLAM技术已经较为成熟，所用的设备主要是相机。

而在构建地图方面，现有的大多数研究工作都是基于视觉SLAM技术的单个移动机器人地图构建。如果需要构建的地图环境很大时，单个移动机器人的效率就会大打折扣。一方面对于单个智能体而言总体的位姿数据解算的计算复杂度高，需要上位机有很强的计算能力才能具备足够的实时性，另一方面当单个机器人出现故障时，任务将失败无法继续执行，这样付出的代价是惨重的。因此，以分布式分任务的形式构建的多移动机器人，就具备了更多的优势，可以快速且安全高效地构建未知环境地图信息。因为基于多智能体系统的多移动机器人中每一个移动机器人之间通过专用网络互相通信交换障碍物信息和移动机器人的位置信息，并且移动机器人之间的信息交换是双向的。通过在多移动机器人的网络中发布编队合并和分离的命令，使得每一个移动机器人完成任务。

目前在商业和工业上，单个移动机器人被广泛使用，主要由于移动机器人具有比人类更便宜、更准确、可靠和高效的执行工作的特点；还被用于危险且环境差不适合人类的任务。因此对于单个移动机器人和多个移动机器人系统的应用各有应用场景，并且具有互补的功能，而且将单个移动机器人方向所研究的成熟高效的算法理论，延伸到多移动机器人领域是有意义和价值的。

经过40多年的发展，我国的机器人技术，虽然在有些方面已经处于世界领先水平，创造了从无到有，从有到优的过程，但还存在很多不足，例如，机器人的软件算法还有很长的路要走。中国人口相对较多，目前已经成为全球最大工业机器人市场。现如今已经有100多家从事机器人行业相关的公司。其中包括研发设计、生产制造、应用调试等。全国各地正在建设和筹建的机器人产业园超过40余家。其中包括了市值已达400亿元的沈阳新松机器人自动化股份有限公司，仅位于ABB、FUNAC后，位列全球第三。

五、远程控制技术的研究现状

最早的远程控制技术出现在DOS系统技术中。但在当时由于计算机技术的不发达和网络技术的落后以及市场需求不高导致远程技术的发展停滞不前。但是近些年计算机技术和网络技术的快速发展以及市场需求的空前膨胀导致远程控制技术呈现出飞跃式的发展。

早在1981年，英国的剑桥大学就已经研发出了第一个远程控制设备即远程控制咖啡壶的加热。虽然在现在看来这只是一件很普通的事件，但对于远程控制领域来说确实一个里程碑。标志着互联网远程控制正式走入人们的视线中。有了第一次，以后就会不断出现各式各样的远程控制技术。在1994年，西澳大利亚研发制造出Mercury Project。Mercury Project系统由驱动模块、摄像头图像采集模块还有机械臂执行模块，可以通过网络控制完成挑捡的任务。这个系统可以算是历史上第一个远程控制系统。随着技术的发展，所开发出来的远程控制系统也是越来越复杂，功能越来越丰富，甚至可以自主动作。20世纪末，Reid Simmions及其开发团队共同开发了一款新的远程控制系统，被称为XaVier。该系统可以执行指定的命令，还可以自主移动并伴随着机器人周围环境图像的反馈，这在机器人远程控制领域是划时代的，标志着远程控制技术又向前跨了一大步。

21世纪的到来，带来的不仅是和平安稳的生活环境，同时也带来了高新科技的迅猛发展，机器人远程控制技术开始稳定快速的发展阶段。网络迷宫机器人就可以在小型的迷宫里自由移动，可以自主移动也可以人为控制。到了2003年，美国和德国共同开发了导游机器人，人们可以通过网络监视机器人的行为，同时也可以远程控制机器人的行为。2013年初，乐高公司正式将第三代机器人Mind storms EV3展示出来。该机人采用了Linux系统，实现了可编程，支持移动设备通过WIFI连接实现远程控制，但是受到距离的局限性。

在国内，远程控制机器人技术发展的相对要缓慢一些。但是，最近几年国家开始大力支持机器人的发展。国内一些科研能力相对较强的高校率先展开了对机器人相关技术的研发。比如：清华大学、中国科学技术大学、南京理工大学、哈尔滨工业大学等都已取得了突破性的进展。清华大学开发的基于视觉的机器人远程控制系统；南开大学开发的基于网络的主从式远程控制平台。近年来，智能家居已经慢慢走近我们的日常生活中。我们充分利用着科技带给我们的便利，也表明了远程控制技术的应用越来越广泛的趋势，相信在不久的将来，远程控制技术一定会带给我们更加美好的生活。

六、定位导航技术的研究现状

移动机器人定位导航技术主要的研究方向包括同时定位与地图构建、路径规划、运动控制等，而感知环境信息是移动机器人定位导航的基础。在机器人定位导航过程中，定位是首先要解决的问题，需要知道机器人的位姿信息和当前状态。目前已经存在的智能移动机器人定位的方式主要有相对定位和绝对定位。绝对定位则通过移动机器人自身所携带的传感器直接获取机器人的姿态信息和位置信息。相对定位则需要确定一个初始位姿点，通过移动机器人自身所携带的传感器来获取移动机器人当前所处的具体位姿点的距离以及方向信息，通过相对于当前点所移动的距离和转动的方向角来确定下一时刻移动机器人的位姿和方向信息，以此来使机器人实现对自身所在的位置和方向进行准确的定位。绝对定位方法有磁罗盘、全球定位系统、GPS定位等。相对定位主要分为两种，即基于惯性传感器的航迹推算方法和基于里程计的航迹推算方法。根据感知环境所用传感器种类的不同，移动机器人的导航主要有GPS 导航、陀螺仪导航、惯性导航、光电编码导航、磁罗盘导航、激光导航、超声波导航等。

GPS 导航，即为全球定位系统，主要利用太空中的空间站实现对地面上的物体定位并具备导航功能，该方法可以实现对全球覆盖，快速定位，但是存在定位精度低，不适用于小区域的导航；陀螺仪导航则是利用陀螺仪的高速旋转特性，旋转轴会一直指向同一个方向，从而作为定向仪器实现导航功能，此方法精度不高，对外界环境稳定性要求较高；激光导航，顾名思义，利用激光传感器对需要导航的物体进行定位，进而向该物体移动实现导航功能，只适用于小区域的导航，而且成本较高。虽然在已知先验地图中进行定位导航已经有了较大的发展，但是在未知环境中实现机器人的定位与导航还存在较大的困难。SLAM算法是一种对未知环境中的机器人自身位置进行定位，进一步根据传感器所获取的信息进行增量式的构建环境地图，利用地图更新自身位置，从而实现移动机器人的同时定位与地图构建，是在未知环境中实现机器人的定位与导航功能的必要环节。从而SLAM算法已经成为近年来机器人研究的热点问题，得到了人们的普遍关注。

第二章 智能工业机器人的机械结构

第一节 机器人躯干——机身结构分析

为了进行作业，工业上使用机器人在手腕上配置了执行机构，有时也称为手爪或末端操作器。手腕连接手和手臂，其主要功能是重新定向手部空间并将工作负荷转移到手臂。连接机身和手腕的手臂主要改变手的空间位置，满足机器人的工作空间需求，并且将载荷传递至机体底座。机身是机器人的基础部分，起承载作用。对于固定机器人，机身与地面连接，对于移动机器人，机体则连接到可移动的机构上。

工业机器人的机身则是直接支撑、连接传动手臂动作以及行进机构的部件。它包括手臂运动（提升，平移，摆动，俯仰）相关机构以及相关的导向及支撑结构等。根据工业机器人的运行模式，运行条件和负载大小不同，它们使用的驱动装置，传动机构以及导向也会有所不同，从而导致机身结构的显着差异。

机身结构一般是由机器人总体设计确定的，圆柱坐标型机器人把回转与升降这两个自由度归属于机身，该类机身称为回转与升降机身；球坐标型机器人把回转与俯仰这两个自由度归属于机身，该类机身称为回转与俯仰机身；关节坐标型机器人把回转自由度归属于机身，该类机身称为回转机身；直角坐标型机器人有时把升降（Z轴）或水平移动（X轴）自由度归属于机身。

一、回转与升降型机身结构

回转与升降机身结构主要包括用于执行手臂的旋转及升降操作的机构。机身的回转运动通常通过由旋转轴驱动的液压（气体）气缸、直线液压（气）缸驱动的动力传动系统和蜗轮来驱动；机身的升降运动则由直线缸驱动、丝杠-螺母机构驱动和直线缸驱动的连杆式升降台完成来实现。

通常，重型机器人机身自由度可以通过液压或气动进行驱动。升降缸位于机体底部，回转缸处于上部，回转运动由摆动缸进行驱动，由于摆动缸位置处于升降活塞杆上方，所以需要加大活塞杆的尺寸。这种方式使得旋转缸的驱动扭矩需要通过设计进行增大。

同步带或链轮和链轮传动可将同步带或链条的线性运动转换为正时带轮或链轮的旋转运动，并可进行大于360度的旋转运动。

二、回转与俯仰型机身机构

回转与俯仰型机器人的机身主要由用于完成手臂的水平回转和垂直俯仰运动的构件组成，且手臂的升降运动部件可由臂的俯仰运动构件代替。机器人手臂的俯仰运动通常由活塞液压（气）缸和连杆实现，用于俯仰运动的活塞缸布置在臂下方，活塞杆和臂铰链缸布置在尾部或中心，以位于尾部的耳环或者位于机体中部的销轴连接。另外，无杆活塞缸也可用于驱动齿条齿轮或四杆连杆以提供臂的俯仰运动。

三、直移型机身结构

直移型机器人主要是悬挂式的，机身本身为一个横梁，用来悬挂手臂。除了驱动和传动机构之外，还需要在横梁上布置导轨构建来实手臂沿梁的平移动作。

四、类人机器人型机身结构

除了具有驱动臂的锻炼装置之外，人形机器人的机身必须配备有用于驱动腿和腰部关节运动的装置。腿部和腰部的屈伸用于升降机体，不仅如此，腰部关节还要同时提供左右、前后俯仰动作，此外还需要实现躯体轴向的回转动作。

第二节　机器人手臂——臂部结构分析

手臂（简称为臂部）用于支撑手腕和手部，并使其在空间运动，是机器人的主要执行部件，工业用机器人腕部的空间位置和工作空间都与手臂的运动及参数有关。为了使机器人末端执行器完成目标任务，典型的机器人臂部具有3个自由度，包括伸缩、回转和升降（俯仰）以完成机器人臂的径向、回转以及垂直运动。臂部的各种运动通常通过驱动机构以及各种传动机构来实现。它不仅仅承受被抓取工件的重量，而且要承受末端执行器、手腕和手臂的自身重量。手臂的机构、工作空间、灵活性以及臂力和定位精度都直接影响机器人的工作性能。

一、机器人臂部的组成

机器人的手臂主要包括臂杆以及相关的各种伸缩、屈伸及自传机构，例如驱动装置，引导定位装置，支承联接，位置检测单元等。此外，还有与手腕或手臂运动，联结支撑相关的组件与各种管线等。

根据臂部的驱动方式，传动装置和导向装置以及运动和布置的不同，臂部可以分为伸缩型臂部结构、屈伸臂部结构以及各种专用的传动臂部结构。伸缩臂结构可由液（气）压缸或线性马达驱动。除了臂部的伸缩运动之外，转动伸缩臂结构还围绕其自身做轴线移动，从而完成手部的旋转运动，其可以由液（体）压缸或机械传动装置驱动。

二、机器人机身和臂部的配置

机身和臂部的不同配置基本上反映了机器人的整体布局。基于机器人的不同运动需求、工作目标、工作环境以及场地限制等要求，产生了各种不同配置的机器人。目前，目前较为主流的的有横梁式、立柱式、机座式和屈伸式四种配置形式。

（一）横梁式配置

将机身形式设计为横梁悬臂部件，用于悬挂手臂。一般来说有两种类型的正常悬挂，即单臂悬挂式和双臂悬挂式。运动形式主要是移动式。其占地面积小，空间利用率高，易于操作且动作直观。可以将横梁设计为固定式，也可设计为移动式，梁通常连接到工厂原始建筑物中的柱梁或相关设备，或者从地面直立。

（二）立柱式配置

立柱式结构机器人较为常见，其运动形式一般为回转型、俯仰型或者屈伸型。它可以分为两种类型：单臂式和双臂式。通常，臂部可以在水平面内旋转，可以在较小的占地面积内拥有较大的工作空间。立柱可以固定在空地或者在床身。其结构非常简单，可以用于特定类型的主机，并可以承担诸如上下料及转运等任务。

（三）机座式配置

有些机器人的机身被设计为基座式，其组成一个完全独立的系统，可以自由放置和移动。 还可以具有沿着某些专用操作机构的轨道移动以便扩展运动范围，例如在地面上。可以用机座式完成各种运动形式。

（四）屈伸式配置

大臂和小臂共同构成屈伸式机器人的臂部，二者之间有相对运动的被称为伸屈臂。伸屈臂和机身之间的配置与机器人的轨迹有关。

三、机器人臂部机构

机器人的手臂由大臂、小臂（或多臂）构成。驱动方式主要有液压驱动、气压驱动和电动驱动等形式，其中电动驱动形式最为常见。

（一）手臂直线运动机构

机器人手臂的伸缩，升降和横向（或纵向）运动是线性运动，用于实现了线性往复活塞连杆等运动的结构较多，其中，常用的有活塞缸，齿轮齿条及丝杠螺母等机构。活塞缸具有体积小和重量轻等优点而广泛用于机器人手臂结构。

手臂的垂直伸缩运动由液压（气）缸3驱动，这种结构行程长、握把大，受力结构简单，传动平稳，造型美观大方，结构紧凑。可以实现不规则工件的抓取，广泛应用在箱体加工线上。

（二）臂部俯仰机构

机器人手臂的俯仰运动通常通过使用活塞缸和连杆的组合来实现。用于臂俯仰运动的活塞缸位于手臂下方，活塞杆和臂铰链联接，缸体通过尾部或中间销轴连接到立柱上。手臂的俯仰动作也可使用无杆活塞缸驱动齿轮齿条或四连杆机构实现。

（三）臂部回转与升降机构

在提升行程短且摆角小于360°的情况下，臂部回转机构与升降机构通常分别由旋转缸和升降缸驱动，有时也采用升降缸和气动马达-锥齿轮传动结构。

第三节　机器人手腕——腕部结构分析

腕部是手臂和手部的联接元件，其主要功能是确定手部的方向。因此，手部拥有其独立的自由度以调节机器人手部的复杂姿态。确定手部运动方向通常需要3个自由度。3个旋转方向分别指的是手腕围绕小臂的轴线的旋转，又叫腕部旋转。手部沿垂直小臂轴线旋转，腕摆分为俯仰和偏转，其中同时具有俯仰和偏转运动的称作双腕摆；手转，指手部绕自身的轴线方向旋转。

腕部的结构多为上述三个回转方向的组合，组合的方式可以有多种形式，常用的腕部组合方式有臂转-腕摆-手转结构，臂转-双腕摆-手转结构等。

一、机器人手腕的典型结构

（一）手腕的分类

根据机器人作业任务的不同，手腕的自由度也是在变化的，一般在1～3之间。选择手腕的自由度时需考虑许多因素，如机器人的多功能性、工艺要求、工件摆放位置以及定位精度等。通常，手腕设有臂转或再增加一个上下腕摆，以满足工作需求。而有些如笛卡尔机器人，则没有手腕运动。腕部可由安装在连接处的驱动器直接驱动，也可以从底座内的动力源经链条、同步齿形带、连杆或其他传动机构远程驱动。直接驱动一般采用液压或气动，具有较高的驱动力与强度，但增加了机械手的质量和惯量。

1.单自由度手腕

具有单一自由度功能的腕部。

滚转或翻转（Roll）关节（简称R关节），是组成转动副关节的两个构件，自身几何回转中心和转动副回转轴线重合，多数情况下，手腕关节轴线与手臂的纵轴线共线，这种R关节旋转角度大，可达到360°以上。腕摆或折曲（Bend）关节（简称B关节），是组成转动副关节的两个构件，自身几何回转中心和转动副回转轴线垂直，多数情况下。关节轴垂直于臂轴和手轴，并且由于结构限制，B形接头具有小的旋转角度且方向角非常有限。

2.二自由度手腕

可以使用R关节和B关节各一个来共同构成一个BR手腕，使用2个B关节组成BB手腕。但2个R关节共同组成RR手腕是不可取的，因为这样会由于共轴而使一个自由度退化，变为单自由度。

3.三自由度手腕

三自由度手腕可以通过B和R关节以各种方式组合来构成。给出了一个典型的BBR手腕，可以进行偏转，俯仰以及转动运动。由1个B关节和2个R关节共同构成BRR关节，但是为了保持三自由度，两个R关节肿的第一个必须进行偏置，才能保证手部偏转、俯仰和手转运动的正常实现。一个关节和两个R关节共同组成的RBR手腕，也可以进行手部的臂转，偏转和手转运动。与此同时，B和R关节可以不同的顺序排列以获得不同的效果并得到其他形式的三自由度手腕。为了使手腕结构更加紧凑，通常将两个B关节安装到一个十字架上以在更大程度上减小BBR手腕的纵向尺寸。

（二）手腕的典型结构

在满足要求的起动及传动过程的输出扭矩和姿态的同时，手腕还应具有结构简单，体积小，重量轻，无运动干涉以及传动灵活等特点，大部分腕部的驱动装置均安装于小臂上以使外观更加简洁，一般采用将多个电机运动传递到同轴旋转心轴和多层外壳，在传输到腕部之后再分路传动的方法。

1.单自由度回转运动手腕

为了实现手腕的回转运动，单自由度的旋转手腕由旋转液压缸直接驱动。

该手腕结构紧凑，体积小，运动灵活，响应速度快，精度高，但其回转角度有限，一般小于270°。

2.双自由度回转运动手腕

具有两个自由度的手腕，其具有用于提供手腕的回转及俯仰的齿轮传动结构，其回转运动由传动轴S传递，先驱动锥齿轮1转动，并使锥齿轮2，3和4旋转，由于手腕和锥齿轮4是一体的，从而实现手部围绕C轴的回转，手腕的俯仰动作通过传动轴B传递，轴B驱动锥齿轮6旋转的同时带动其绕A轴回转，壳体7和驱动轴A通过销整体连接，以实现手腕的俯仰运动。

3.三自由度回转运动手腕

3自由度的腕部结构，关节包括臂转、腕摆、手转结构。传动链一部分位于机器人小臂壳体内部，内部的3个电机通过皮带将运动输出至同轴传动装置的心轴，中间套筒以及外套筒上；其余部分则直接位于手腕部。

二、柔顺手腕结构

在使用机器人的精密装配工作场合中，如果装配部件之间的配合精度较高，则由于装配部件的不一致性，用于工件定位的夹具以及机器人本身手爪的定位精度无法满足装配要求时，装配作业会变得十分困难。这就需要装配操作具有较好的柔顺性。

为了适应现代机器人的装配作业场景，柔顺手腕应运而生，其主要用于机器人轴孔装配操作。装配过程中的各种误差可导致组装的部件之间的按紧以及卡阻问题，但仅仅通过提高机器人和外围设备的精度来解决在技术层面上和经济性上是不现实的。因此在确保装配过程的精度、可靠性的基础上得到更高的效率变得越来越重要。而将机器人设计为具有一定柔顺性的特性可以满足这一要求，柔顺性可调整装配体之间的相对位置，从而补偿各种装配误差，实现顺利的装配。

目前主要有两种柔顺性装配技术。一种是使用各种不同的搜索方法来实现校正的同时进行装配；有些手爪还具有诸如视觉传感器，力传感器等的检测组件，这是从检测、控制角度入手的。另一种则是从结构角度入手，其在机器人腕部上配置了柔顺环节，用来进行柔顺装配，该技术称为被动柔顺装配

（RCC）。

一个柔顺手腕，水平浮动机构包括平面、钢球以及弹簧，其可在水平两个方向进行浮动。摆动浮动机构包括上下球面以及弹簧以保证两个方向的摆动，在进行装配时，当遇到夹具或机器人的手爪位置不准时可以自动校准。插入工件局部遇阻时柔顺手腕会介入，对手爪进行微调使工件顺利插入完成装配。

第四节　机器人手——手部结构分析

机器人的手部也叫末端执行器，其安装于机器人手腕末端的法兰上直接抓握工件或执行作业的部件。它的功能类似于人手，安装位置为机器人手臂的前端。人的手有两种含义：第一种含义是医学上把包括上臂、手腕在内的整体称作手；第二种含义是把手掌和手指部分称作手。机器人的手部更加倾向于第二种含义。而由于机器人手操作的工件的形状、材质、尺寸、重量以及工件的表面状态都不同，所以手部的形状也各有不同，大部分机器人手部结构都是根据特定的要求进行专门设计。

一、工业机器人手部的特点

（一）手部与手腕相连处可拆卸

根据夹持对象的不同，手部结构会有差异，通常一个机器人配有多个手部装置或工具，因此要求手部与手腕处的接头具有通用性和互换性。除机械接口，也可能有电、气、液接头，当工业机器人作业对象不同时，可以方便地拆卸和更换手部。

（二）手部是机器人末端操作器

有些机器人手部末端有人手一样的手指，有些没有；有些则为连接到机器人手腕的专业工具，如喷枪、焊枪等。

（三）手部的通用性比较差

机器人手多为专用特殊装置。例如，特用的手只能抓住一个或多个形状，大小，重量类似的物体，并且一种工具一般仅可执行一种作业。

（四）手部是一个独立的部件

如将手腕部件归入手臂中的话，那么机器人机械系统的三个主要部分是机身，手臂以及手部。手部是整个工业机器人的关键部件之一，因为它是保证作业完成质量，以及柔顺性质量的关键部件之一。随着具有复杂感知功能的智能手爪的出现，工业机器人操作的灵活性和可靠性正在不断增加。

二、工业机器人手部的分类

（一）按用途分类

手部按照用途划分，可以分为手爪和专用操作器两类。

1.手爪

手爪具有一定的通用性，它对工件执行的主要操作为：抓住——握持——释放。

抓住——为了将工件固定在给定的目标位置并维持所需的姿态，工件必须可靠地定位在手爪中，保持工件和手爪之间的正确相对位置，并保证后续作业精度。

握持——确保工件在搬运过程中或零件在装配过程中定义了的位置和姿态的准确性。

释放——在指定点上解除手爪和工件之间的约束关系。

2.专用操作器

专用操作器也称作工具，是进行某种作业的专用工具，如机器人涂装用喷枪、机器人焊接用焊枪等。

（二）按夹持方式分类

手部按照夹持方式划分，可以分为外夹式、内撑式和内外夹持式三类。

外夹式——手部与被夹件的外表面相接触。

内撑式——手部与工件的内表面相接触。

内外夹持式——手部与工件的内、外表面相接触。

（三）按工作原理分类

手部按其抓握原理可以分为夹持类和吸附类手部。

1.夹持类手部

通常又叫机械手爪，分为靠摩擦力夹持和吊钩承重两种，前者是有指手爪，后者是无指手爪。驱动源有气动、液压、电动和电磁四种。

2.吸附类手部

吸附类手部有磁力类吸盘和真空类吸盘两种。磁力类吸盘主要是磁力吸盘，有电磁吸盘和永磁吸盘两种。真空类吸盘主要是真空式吸盘，根据形成真空的原理可分为真空吸盘、气流负压吸盘和挤气负压吸盘三种。磁力类吸盘和真空类吸盘都是无指手爪。吸附式手部比较适合用于大平面（单面接触无法抓取）的抓取、易碎物体（玻璃、磁盘、晶圆）以及体积较为微小（不易抓取）的物体，因此使用范围也比较广。

（四）按手指或吸盘数目分类

根据手指的数量，可以分为双指手爪和双指手爪。根据手指关节数，可分为单关节手指手爪和多关节手指手爪。根据吸盘的数量，可分为单吸盘手爪和多吸盘手爪。

（五）按智能化分类

手部的智能程度，可分为普通手爪与智能手爪两类。普通式手爪无传感器。而智能化手爪则至少配备一种或多种传感器，如力传感器、触觉传感器及滑觉传感器等，智能化手爪均为手爪与传感器的集成。

三、工业机器人的夹持式手部

除常用的夹钳式外，应用的较多的夹持式手部还有钩托式和弹簧式手部。根据手指夹持工件时的运动方式划分，夹持式手部又分为手指回转型和指面平移型两种。

（一）夹钳式手部

夹钳式手部类似于人类手部，在工业机器人领域应用较广。它一般由手指（手爪）、驱动及传动机构，还有相应的连接与支承元件组成，能通过手爪的开闭动作实现对物体的夹持。

1.手指

手指是与工件直接接触的部分，通过打开和闭合手指控制释放或加持工件。机器人手部通常具有两个手指，有些则具有三个或更多，其结构取决于待夹持工件的形状及其他特征。

指端是手指与工件直接接触的部分，其形状一般取决于工件的形状。较为常见的有V形手指，平面手指，尖指或薄长指以及特殊形状的手指。

V形手指一般用于夹紧圆柱形工件，其具有夹紧稳定可靠且误差小的特点。平面指通常用于夹持方形工件（具有两个平行平面）、板或细小棒状物。尖头、薄指或长指通常用于固定小型或柔性工件。其中，薄指通常用于与狭窄空间中，以免细小工件与周围障碍物碰撞；长指通常用以夹持高温工作，起到一定隔离热源作用，避免热辐射损害机器人自身驱动机构。而对一些形状不规则的物体，需要对手指进行特殊设计，得到与之匹配的特形指方可夹持工件。

指面形状一般分为光滑指面、齿形指面以及柔性指面。光滑的手指表面平整平滑，用于夹持加工表面并防止其夹持过程中损坏。齿形指面表面加工有齿纹上。用于增加与工件间的摩擦力以确保牢固抓握，其多用于夹持粗糙表面或半成品表面的成品。柔性指状物的表面嵌有橡胶、泡沫以及石棉等柔性物，具有增大摩擦力、并保护表面并隔绝热源的能力，通常用于夹持已加工的表面和热部件，有时也被用于夹持部分薄壁件和脆性工件。

手指材料的会很大程度上影响机器人的使用效果。夹钳式手指一般采用碳素钢和合金工具钢。高温作业的手指可以采用耐热钢；在腐蚀性气体环境中工作的手指，可以进行镀铬或搪瓷处理，也可采用专业耐腐蚀材料，如常用的玻璃钢或聚四氟乙烯。为使手指经久耐用，指面可以镶嵌硬质合金。

2.传动机构

传送机构是将运动和力传递到手指以夹紧和松开工件的机构。根据手指开合的运动特性，该机构可分为回转型以及平移型。回转型可以分为单支点旋转和多支点旋转。根据手爪夹紧时动作是摆动还是平移，又可以将其分为摆动回转型和平动回转型。

（1）回转型传动机构

较为常见的卡钳式手部是回转式手部，其具有带有一对或多对杠杆，传动机构为斜楔、滑槽、连杆、齿轮、蜗轮蜗杆或螺杆等机构组成的复合式机构，从而改变传动部件的传动比预计动作方向。

单作用斜楔杠杆回转型手部的结构简图。斜楔2克服弹簧5拉力向下移动以使与滚子3接触的一端向外部撑开，实现对工件8的夹紧操作；斜楔上移，手指7在弹簧作用下松开。利用滚子使手指与斜楔的连接，减少了摩擦并提高了机械效率，但有时为了简化结构，也可不用滚子，让二者直接接触。

滑槽式杠杆回转型手部示意图，杠杆型手指的一端安装有V形指状物，在另一端开有长滑槽。驱动杆上的圆柱形销嵌套在滑槽中，当二者一起做往复运动时，两个手指即可绕支点（铰销）做相对回转运动进而完成手指对工件的夹紧与松开。滑槽的制造精度会很大程度上影响其定心精度。该机构的锁紧依赖于驱动力完成，其自身并不具备自锁功能。

双支点连杆杠杆手部的简化图。驱动杆的端部通过铰链销和连杆进行铰接。当驱动杆做线性往复运动时，两个手指被连杆推动并分别绕支点做回转运动，从而完成手指的松开以及闭合动作。该机构由于其较多的活动部件，使得其定心精度与斜楔式传动相比较差。

由齿轮齿条直接驱动的齿轮齿条杠杆式手部的结构。驱动杆的端部是与扇型齿轮啮合的双面齿条，扇型齿轮与指状物固定连接并绕支点枢转。驱动力推动齿条进行直线往复运动并驱动扇齿轮旋转，进而完成手指的开合动作。

（2）平移型传动机构

平移型夹钳式手部通常通过手指的往复运动来夹持具有平行平坦表面（如箱体）的工件，其开合动作通过手指面的平面运动来实现。其结构更复杂，并没有像回转型手部那样使用广泛。根据其结构分类，它可以分为两种类型：分别是平面平移机构和直线往复移动机构。

①平面平行移动机构

通过驱动器1和驱动元件2带动平行四边形四连杆机构（3为主动摇杆、4为从动摇杆）实现手指平移。

②直线往复移动机构

有许多种就可实现线性往复移动，较为常见的用于完成手部直线往复移动的有斜楔传动、齿条传动以及螺旋传动等。其结构形式多样，既可以是双指，也可为三指（或多指的）；即可为自动定心，也可非自动定心。

（二）钩托式手部

一般使用较多的夹钳式手部都是以夹紧力来完成对工件的夹持，除此之外，钩托式手部也是一种应用较为广泛的夹持类手部之一。其并非以夹紧力来夹持工件，而是利用托举力来完成托持工件，这得益于其手指对工件的特殊动作，如钩、托、捧等。通过应用钩托方式，手部结构可大大简化并极大降低甚至取消手部驱动装置。其较为适用于水平和垂直平面的低速工作，如搬运等，尤其适用于大而笨重的工件以及大体积轻质易变形的工件。

钩托式手部分为无驱动型和驱动型。无驱动装置的手指的移动是通过手臂的运动实现的，并且没有单独的驱动器来移动手部。当手被臂带动下移并落到一定位置时，齿条的下端与碰撞块碰撞，并且臂继续下降以驱动齿条，当齿轮旋转时，手指进入工件的钩托部位。当手指托持工件时，销通过弹簧的力插入齿条的缺口中，保持手指托持，允许臂将工件从其原始位置移开。挂钩操作完成后，通过电磁铁拔出销子，手指恢复自由状态，继续工作循环。

有驱动装置的钩托式手部的工作原理是依靠机构的内力来维持维护平衡工作的重力。驱动缸以较小的力旋转杠杆手指，以将手指闭合到用于保持工件的位置。由于手指和工件之间的接触点位于支点、的外侧，因此在用手指握住手指之后，工件本身的重量不会松动手指。

（三）弹簧式手部

弹簧夹紧手部用弹簧的弹性力来夹紧工件，因此无需特殊驱动，其结构较为简单。其用途的特征在于工件进入手指并将其从手指上取下均为外力强制进行操作的。由于弹簧力有限，故其仅适用于夹紧小而轻的工件。

一个简单的簧片手指弹性手爪，当手臂驱动夹具并推动坯料时，弹簧构件受压自动打开，工件进入夹具并通过弹簧的弹性力自动夹紧。机器人将工件移动到指定位置，手指并不会松动工件，而是首先固定工件，然后手爪后退撑开手指并松开工作。这种手部只适用于定心精度要求不高的场合。

四、工业机器人的吸附式手部

（一）气吸附式手部

气吸附式手部是工业机器人常用的一种吸持工件的装置，由吸盘、吸盘架及进排气系统组成，利用吸盘内与外界的压差工作。与夹钳式取料手相比，气吸式取料手具有结构简单，重量轻、方便、可靠、不损伤工件表面，吸力均匀的特点。它在处理薄片物体方面（如片材、纸张、玻璃等）也很出色，广泛用于吸附非金属材料和无剩磁性材料。但是要求物体表面没有孔槽，表面必须光滑平整且环境为冷环境。

按压力差的形成原理，气吸附式手部可分为真空吸附、气流负压吸附、挤压排气吸附3种。

1.真空吸附手部

真空吸附手的结构原理是利用真空发生器创建高真空度。主要部分是通过固定环2附接到支撑杆4的盘形橡胶吸盘1，以及通过螺母5固定到基板6的支撑杆。当取料时，盘形橡胶吸盘接触到物体的表面，橡胶吸盘的边缘部分部用作气体的密封，此外还起缓冲作用，之后空气被吸出，吸盘内部形成真空环境，将物料吸起。放料时，管道与大气连通，失去真空，卸下物体。支撑杆上设置有多个弹簧缓冲装置避免在取放料期间的冲击。有些橡胶吸盘的背面具有球形铰链，以更好地适应物体的吸力表面的倾斜情况。真空吸附手有时还用于抓取过于细小无法抓握的小部件。

2.气流负压吸附手部

气流负压吸附手部基于流体动力学原理工作，取物时压缩空气高速通过喷嘴5使出口的空气压力低于吸入腔室中的空气压力，因此腔室中的气体告诉流出而形成负压吸取物料；当需要释放物料时关闭压缩空气。这种类型的取料手需要的压缩空气相对容易获得，因此成本低。

同样利用负压吸附取料的还有球形手部，它的握持部件是一个填充了研磨咖啡粉的气球。这个气球的后方连接着气泵，在接触并包裹要抓起的物体时，气泵启动产生负压抽走空气，使手前端的形状“固定”下来，就可以抓起物体了。

3.挤压排气吸附手部

挤压排气吸附手部的操作原理如下：取料时，吸盘压在物体上，橡胶吸盘变形排出腔室内空气，抬升时橡胶吸盘在拉力作用下恢复形状，腔室内部产生负压；在放料时，拉杆3将腔室连接到大气使得吸盘内失去负压。其结构简单，但吸附力小，不易长时间保持吸附状态。

（二）磁吸附式手部

磁吸附式手部工作对象仅为铁磁材料，因为它的吸附力是由永磁体或电磁铁产生的电磁吸引产生的。因此，使用磁吸附式手部存在某些限制，如一些仍有剩磁的材料就不适用。

当线圈通电，在磁芯的内部和外部产生磁场，并且磁通量线穿过磁芯以磁化气隙和衔铁以形成回路，衔铁手电磁力作用被吸住。但在实际应用中，经常使用盘式电磁铁，其衔铁处于固定状态，衔铁中的磁绝缘材料阻挡磁通量，在工作时衔铁接触到物体，使物体磁化并形成一个磁场回路，物体收到电磁力被吸住。

五、仿人手机器人手部

目前，工业用的大部分机器人手指没有关节且仅有两根手指。因此不能适应不同的形状材料，也不能对表面施加相对均匀的夹紧力，因此无法处理复杂形状以及不同材料的物体。

为了提高机器人手和手腕的可操作性，灵活性和响应性，以使其可以执行各种复杂的任务，例如装配、维修以及设备操作等作业，就需要提高机器人手和手腕的灵活性，研发类似人手的放生机器人手部。

（一）柔性手

现阶段已经开发出了能够抓住不同形状的物体并使物体的表面更均匀灵活的手指。多关节柔性手腕，其每个手指均与多个关节串联。手指传动装置由牵引钢丝绳以及摩擦滚轮共同，其每根手指均由两根独立钢丝绳拉动，一侧负责抓紧，另一侧负责放松。驱动源可以由马达或液压或气动部件驱动。柔性手腕可更对物体施加更均匀的力，并可抓取握持形状更加复杂的部件。

（二）多指灵巧手

最完美的机器人手爪及手腕的即是模仿人类的多指手部。其具有多个手指，每个手指具有三个旋转关节，且每个关节的自由度是独立控制的。因此，它几乎可以模仿所有人类手指能够完成的复杂动作，例如拧螺丝、弹钢琴或做手势等。如在手指上配备触觉传感器，力传感器，视觉传感器以及温度传感器，该手指会变得更加灵活完美。多指灵巧手在一些极端环境下具有广泛的应用前景，如核工业、太空操作以及高温，高压和高真空等极端环境。

第五节 机器人核心——驱动与传动系统分析

一、驱动装置

驱动装置即是动力源，其用途是将臂部驱动到指定位置并且通常经由电缆，变速箱或其他装置传输至手臂。目前有三种主要的驱动方法。液压驱动、气动驱动以及电驱动。

（一）液压驱动装置

液压驱动装置输出力矩大，可省去减速装置，直接与被驱动的杆件相连，结构紧凑，刚度好，但是响应较慢，驱动精度不高。需要添加液压源，但大多数液压源不适合高温和低温且极易泄漏。因此，液压驱动目前仅用于大功率机器人系统中。

（二）气动驱动装置

气压驱动具有结构简单，清洁，灵敏，缓冲性好等优点，但其输出扭矩低，刚度差，噪音大，速度控制困难，常用于对精度要求较低的场景如点位控机器人。

（三）电动驱动装置

电驱动装置具有能量源简单，速度范围宽，效率高以及较高的速度和位置精度。但其通常连接到减速器并且难以直接驱动，电驱动装置可以分为直流（DC），交流（AC）伺服电动机驱动以及步进电动机驱动。其中直流电机存在电刷易磨损且存在火花等安全问题，使得无刷直流电动机更受欢迎，步进电机驱动主要用于开环控制，其控制方便但功率较低，主要用于低精度、低功耗的机器人系统以及自动生产线。

二、传动机构

传动机构用来把驱动器的运动传递到关节和动作部位。机器人的传动系统要求机构紧凑、重量轻、转动惯量和体积小，并且能消除传动间隙，提高其运动和位置精度。工业机器人传动装置除连杆传动、带传动和齿轮传动外，还有滚珠丝杠传动、谐波传动、同步齿形带传动。

（一）直线驱动机构

1.齿轮齿条装置

齿条一般是固定的，当齿轮旋转时，齿轮轴和拖板会在齿条方向上线性移动，与此同时将齿轮的旋转运动转换为托班的直线运动。托板由导杆和导轨支撑，存在大的间隙，并且整个装置的回差较大。

2.滚珠丝杠

滚珠丝杠驱动器经常用于机器人中，因为它们具有低摩擦和响应快速的特性。由于滚珠丝杠在螺母的螺纹槽中放置了大量的滚珠，所以在传动过程中的摩擦力是滚动摩擦，这种方式大大降低了摩擦力，从而提高了传动效率，且消除了慢速时的爬行现象。在组装期间施加一定量的预紧力可消除回差。

滚珠丝杠的球从钢壳中流出之后进入研磨的导槽，转2-3圈之后返回钢壳。由于滚珠丝杠具有90%的传动效率，因此仅需要较小的驱动器以及连接件即可完成运动的传递。

3.液压传动（直接平移）

高精度气缸和活塞由共同完成液压传动过程，液压油从液压缸的一端引入，将液压缸活塞推至另一端，通过调节缸内压力及优良可对活塞运动进行控制，液压传动适用于生产线固定式大功率机器人。

4.同步带滑台

同步带滑台是一种可以提供直线运动的机械结构，其传动方式由皮带和直线导轨完成。由同步带、同步带轮、直线导轨、滑块、铝合金型材、联轴器、步进电动机等零部件组成。同步带安装在铝合金型材两侧的同步带轮上，同步带轮分别与铝合金型材两侧上的传动轴连接，其中一个轴通过弹性联轴器与步进电动机输出轴连接，该轴为动力输入轴，非封闭式同步带的两端与滑块左右侧连接，滑块可在与铝合金型材上端固连的直线导轨上滑动。当有动力输入时，输入轴带动同步带轮转动，同步带轮带动同步带转动，同步带带动滑块在直线导轨上沿直线移动。

可以根据不同的负载需要选择增加刚性导轨来提高刚性。不同规格的滑台，负载上限不同。通常同步带型设备经过特定的设计，在其一侧可以控制带的松紧，方便设备在生产过程中的调试，其松紧控制均在左右边，一般采用螺钉控制。

（二）旋转传动机构

1.轮系

轮系是由两个或更多个齿轮组成的传动机构，其不仅传递角位移和角速度，还可传递力和力矩。

使用轮系时需要注意两个问题。首先，轮系的引入改变了系统的等效惯性矩，这会减少驱动电机的响应时间，并使伺服系统的控制更方便。输出轴的转动惯量转换到驱动电动机上且等效转动惯量的降低量与输入齿轮和输出齿轮的齿数平方成正比。其次，当引入轮系，齿轮间隙误差将增加机器人手臂的定位误差，此外如果不采取措施，并且间隙误差还将导致伺服系统不稳定的问题。

一般来说，圆柱齿轮的传动效率约为90%，其具有结构简单且传动效率高的优点，因此在机器人设计中最为常见；斜齿轮的传动效率约为80%，其效率稍低但可改变输出轴的方向；锥齿轮传动效率约为70%，可使输入轴和输出轴不处于同一平面；蜗轮机构的传动比大且传动过程平稳并可实现自锁，但其传动效率过低，且成本颇高并需要润滑；行星轮系的传动效率可达80%且有较大的传动比，但结构不够紧凑且较为复杂。

2.同步齿形带

同步齿形带外星与风扇皮带以及货物运输的传动皮带类似，但皮带上有许多齿，与同步皮带齿互相啮合。在工作中，它们相当于软齿轮，具有良好的灵活性和低价格的优点。当输入轴和输出轴的方向不匹配时，也可使用同步带。此时，除非扭转角误差变得太大，否则同步带一般可以正常工作。在该伺服系统中，当使用码盘测量输出轴的位置时，输入驱动器的同步带可以放置在伺服回路外部。这不会影响到原系统的定位精度以及可重复性，可以保证其重复性在1 mm以内。此外，同步带造价比轮系便宜得多，并且更容易加工。某些场合下，轮系和同步带的组合更方便。

3.谐波减速器

谐波齿轮很多年已经出现，但直到近些年刚被重视。在目前的机器人旋转关节中，谐波齿轮目前的使用率已经达到了60-70%。谐波齿轮传动机构由三个主要部件组成，为刚性齿轮，谐波发生器以及柔性齿轮。在工作过程中，刚性齿轮固定安装，齿沿周向均匀分布，柔性齿轮具有外齿形状，位于刚性齿轮内部并沿刚性齿轮的内齿旋转。由于柔性齿轮比刚性齿轮齿数少2，因此柔刚性齿轮每旋转360°，柔性齿轮就相对反向旋转两个齿的圆周转角。谐波发生器是椭圆形的，并且以相连接的滚珠支撑，其驱动柔性齿轮旋转并引起塑性变形。当旋转时，仅有数个柔性齿轮的椭圆端部齿与刚性齿轮互相啮合，这样使得柔性齿轮可以与刚性齿轮成一定角度自由旋转一定角度。

假设刚性齿轮具有100个齿并且柔性齿轮具有98个齿，则谐波发生器的50转将使柔性齿轮相对反向旋转一周。所以其可以在很小的空间内实现1：50的减速比。同时，由于啮合齿数量较多，所以谐波发生器还具有很强的扭矩传递能力。尽管其中两个元件都可以作为输入与输出元件，但谐波发生器通常将输出轴连接到柔性齿轮，将输入轴连接至谐波发生器上，这样可以获得较大的减速比。

4.RV减速器

与谐波减速器相比，RV减速器的刚度和回转精度更高。因此，RV减速器通常放置在铰接式机器人中基座、大臂和肩部等重载部件位置；谐波减减速器置于小臂，腕部或者手部；而行星减速器则在直角坐标机器人上应用较多。

此外，与常用的谐波传动方式相比，RV减速器具有更高的疲劳强度、刚度以及更长的寿命，并且回差精度更加稳定，而谐波传动的运动精度都则会随使用时间而越来越低，所以许多国家的高精度机器人多采用RV减速器，并且其在先进的机器人领域有逐步取代谐波减速器的趋势。

（三）工业机器人的制动器

许多机器人手臂需要在每个关节处安装制动器，以保证在停止工作的情况下保持其原有位置；保证电源故障或者突然被切断时不会碰撞周围物体。例如，诸如齿轮系、谐波齿轮机构以及滚珠丝杠等的部件都具有较高的质量精度，通常摩擦力较低，这就使得在驱动器停止时它们并不能承受负载。如果关闭电源并且不使用元件进行制动等，机器人的各个部件会在重力的影响下滑动。因此，机器人制动系统是非常必要的。制动器通常在故障保护模式下运行。也就是说，如果要放松制动器需要打开制动器。否则，关节不能相对运动。其主要目的是防止停电。其缺点也很明显，即在工作时需要不断使用电力来维持制动器的放松状态。还有一种较为省电的选择，即在需要动作时接通电源来放松制动器，然后驱动固定在制动器释放状态的止动销。这样仅需耗费动作挡销的电力。制动器必须具有足够的定位精度才能正确定位关节。制动器应尽可能置于系统的驱动输入端，这可以借助传动链速比来减少由于制动器的轻微滑动所导致的系统移动误差，确保在负载条件下的高定位精度。

第三章　机器人完成感觉的必要手段——传感

传感器是一种能将具有某种物理表现形式的信息变换成可以处理的信号的输入换能器，传感器可以使机器人具有某种程度的感觉功能。传感器是机器人完成感觉的必要手段，使用传感器进行定位和控制克服了机械定位的缺点。在机器人中使用传感器对于自动化加工和整体自动化生产非常重要。

第一节　机器人感知的特点与分类

机器人感知是将相关对象的相关功能或属性转换为机器人执行该功能所需的信息。这些物体的特征主要是几何学，力学，光学，声学，材料，电学，磁学，放射学和化学。

一、机器人的感觉顺序与策略

传感系统有感知顺序和系统结构。感知分为两个阶段：转化和处理。

变换：通过硬件把相关目标特性信息转换为信号。

处理：将获取的信号转换为机器人计划和执行特定功能所需的信息，包括预处理和解释。 在预处理阶段，信号通常由硬件进行初步改善处理；而在解释阶段，通常通过软件分析对信号进行改进以提取必要的信息。

在摄像机或数/模拟转换器中，传感器将物体的表面反射转换成与电视摄像机接收的光强度成比例的二维数字化电压值数组。预处理器（如滤波器）用于初步降低信号噪声，解释器（计算机程序）则用于分析和处理数据并确定对象的同一性、位置和完整性。

如果机器人可以被定义为能够模拟人类感觉、手动操作和自动行走足以进行有效工作的计算机控制装置。然后，机器人传感器可以被定义为将机器人对象的特征（或参数）转换成电输出的过程。机器人，通过传感器，类似于人类感知。

机器人感知系统通常由各种机器人传感器或视觉系统组成。第一代具有计算机视觉和触觉能力的工业机器人是由斯坦福研究所开发的。目前，位移传感器、力传感器、触觉传感器、压力传感器和接近传感器得到了广泛的应用。

二、机器人和传感器

1.人和机器人的感觉

学习机器人从模仿人开始。通过对人类劳动的研究，发现人类通过五种熟悉的感官（视觉、听觉、嗅觉、味觉、触觉）接收外部信息。这些信息通过神经传递到大脑。大脑处理和合成这些分散的信息，并发出行为指令来动员身体（如手和脚）来执行某些任务行动。

如果你希望机器人代替人类的劳动，你可以把今天的计算机看作是大脑的等价物，机器人的身体（致动器）可以等同于身体，机器人的各种外部传感器可以等同于五种感觉。换言之，计算机是人类大脑或智力的延伸，执行体是人体肢体的延伸，传感器是人类五种感官的延伸。机器人需要通过感觉器官来获取人类的环境信息。

2.机器人的感觉

为了使机器人具有智能性和对环境的变化作出反应，首先，机器人必须具有感知环境的能力。利用传感器采集信息是机器人智能化的第一步；其次，如何采用合适的方法合成多传感器获得的环境信息，控制机器人进行智能操作是提高机器人性能的重要体现。机器人的智能水平。因此，传感器及其信息处理系统是机器人智能的重要组成部分，为机器人智能操作提供决策依据。

触觉：作为视觉的补充，触觉可以感知目标物体的表面特性和物理特性，包括柔软性、硬度、弹性、粗糙度和热导率。

力觉传感：机器人力传感器可分为关节力传感器、腕力传感器和手指力传感器。

接近感：本研究的目的是让机器人知道物体（障碍物）在运动或操作过程中的接近程度。移动机器人可以避开障碍物，机械手由于速度快，可以避免爪对物体的冲击。

气味：用于检测空气中的化学成分和浓度，主要使用气体传感器和射线传感器。

味道：液体化学成分分析。有pH传感器、化学分析仪等。

听力：离人类耳朵很近的功能很远。

视觉：机器人中最重要的传感器之一，它的发展非常迅速。机器视觉首先处理积木世界，然后开发处理外部的真实世界，然后出现实用的视觉系统。一般来说，视觉包括三个过程：图像采集、图像处理和图像理解。相对而言，图像理解技术需要改进。

其他传感器：磁传感器、安全传感器和无线电传感器。

三、机器人传感器的分类

传感器是一种能将测量（位移、力、加速度、温度等）转化为具有一定对应关系的物理量（如电信号），易于精确处理和测量的测试部件或装置。

根据通用传感器在系统中的功能，整个传感器应该包括传感元件、转换元件和信号调理电路三个部分。传感器可以直接感知或响应测量，其功能是将一些不方便的物理量转换成易于测量的物理量；转换元件可以将传感或响应测量转换成适合于传输或测量的电信号；G元件与转换元件构成传感器的结构部分，信号调理电路是对转换元件输出的小的可测量信号进行处理和变换，使传感器的信号输出满足特定系统的要求。透射电镜。（如4～20mA、1～5V）。

1.内部传感器与外部传感器

从机器人的结构来看，传感器属于机器人传感系统和机器人环境交互系统。机器人感知系统用于获取机器人内部和外部环境状态的有意义的信息；机器人环境交互系统用于实现机器人与外部环境中的设备之间的交互和协调。

从检测对象的角度来看，机器人的传感器属于内部状态传感器和外部状态传感器。为了感知自身的内部状态，调节和控制其动作，机器人必须检测其自身的坐标轴来确定其位置，通常由位置、加速度、速度和压力传感器组成。机器人还需要感知周围环境、目标成分和其他状态信息，从而具有对环境的自调整和自适应能力。这些外部传感器通常包括触摸、接近、视觉、听觉、嗅觉、味觉等。

从安装的角度来看，机器人传感器可分为内部安装和外部安装，其中外部安装传感器检测机器人的外部感测，如视觉或触觉，并且不包括在机器人控制器的固有部分中；传感器的内部安装，如旋转编码器，安装在机器人内部。它属于机器人控制器的一部分。

可以看出，机器人传感器可以分为两类：内部传感器和外部传感器，不管从机器人的结构，从检测对象，还是从安装的角度来看。

内部传感器用于确定机器人在其自身坐标系中的位置，例如用于测量位移、速度、加速度和应力的通用传感器。几乎所有的机器人都使用内部传感器，如编码器，用于测量旋转关节的位置和测速仪，以测量速度以控制它们的运动。

外部传感器被用来定位机器人本身相对于周围环境。外部传感机制的使用使得机器人能够以灵活的方式与环境交互，它负责检查距离、接近度和接触度等变量，并便于机器人引导和物体识别和处理。大多数控制器都具有接口功能，因此集成了来自输送机、机床和机器人的信号来完成任务。机器人的传感系统通常是指机器人的外部传感器，如接触式传感器和视觉传感器，使机器人能够获得关于外界环境的有用信息，并为高级机器人控制提供更好的适应性，即增加机器人的自动机。抽检能力和改进机器人类智慧。

2.接触式传感器与非接触式传感器

根据传感器的功能对接触式传感器和非接触式传感器进行分类。虽然还有许多传感器有待发明，但是现在有各种各样的传感器，例如当采集信息时机器人不允许接触零件时，在采样过程中需要非接触式传感器。对于不同类型的非接触式传感器，它可以分为两种类型：测量一个点的响应，并给出空间阵列或几个相邻点的测量信息。例如，使用超声波测距仪测量一个点的响应，它测量在锥形信息收集空间中物体附近的距离。摄像机是测量空间阵列信息最常用的装置。

接触传感器可以用来确定接触或力或扭矩是否可以被测量。最常见的触觉传感器是一个简单的开关。当它接触部件时，开关闭合。一个简单的力传感器可以用来测量加速度计的加速度，然后得到测得的力。这些传感器也可以通过直接或间接测量来分类。例如，力可以直接从机器人的手测量，或者间接地从机器人在工件表面上的作用来测量。力和触觉传感器还可以进一步细分为数字或模拟等类别。

获取各种信号的传感器类型

测量对象	传感器类型	
弧度	点	光电池、光倍增管、一维光电阵列、二维光电阵列
	面	二维光电阵列或其等效（低维数列扫描）
距离	点	发射器（激光、平面光）/接收器（光倍增管、一维光电阵列、二维光电阵列、两个一维或二维光电阵列、声波扫描）
	面	发射器（激光、平面光）/接收器（光倍增管、二维光电阵列）,二维光电阵列或其等效
声感	点	声波传感器
	面	声波传感器的二维阵列或其等效
力	点	力传感器
触觉	点	微型开关,触觉传感器的二维阵列或其等效
	面	触觉传感器的二维阵列或其等效
温度	点	热电偶,红外线传感器
	面	红外线传感器的二维阵列或其等效

虽然接近、触觉和力传感器在改善机器人的性能方面起着重要的作用，视觉被认为是机器人最重要的感知能力。机器人视觉可以定义为在三维环境中从图像中提取、显示和解释信息的过程。因此，对于机器人来说，“眼睛”将是一种重要的感知装置。拥有机器人视觉系统是智能机器人的重要标志。三维场景的二维图像由视觉传感器捕获，并且通过视觉处理算法处理、分析和解释一个或多个图像。获得了场景的符号描述，并为特定任务提供有用的信息来指导机器人的动作。这个过程被称为机器视觉。

四、机器人视觉系统的组成

1.机器人视觉概述

眼睛对人类非常重要。可以说，人类对客观世界的感知的70%是通过视觉获得的。人类视觉细胞的数量是听觉细胞数量的3000倍，是皮肤感觉细胞数量的100倍。从这个角度，我们可以看到视觉系统的重要性。就视觉应用而言，可以说是包罗万象的。

（1）机器人视觉系统

为了从外界环境中获取信息，人们通常通过视觉、触觉、听觉等感官器官来获取信息。也就是说，如果我们想给机器人更先进的智能，那么就不可能离开视觉系统。第一代工业机器人只能根据预先确定的动作来回操作。一旦工作环境发生变化，机器就不能胜任工作。这是因为第一代机器人没有视觉系统来感知周围的环境和工作物体。因此，对于智能机器人来说，视觉系统是必不可少的。

正如人类视觉系统所做的那样，机器人视觉系统给机器人提供了一种高层次的感知机制，使机器人能够以“聪明”和灵活的方式对周围环境作出反应。机器人视觉信息系统类似于人类视觉信息系统。它包括图像传感器、数据传输系统和计算机处理系统。

机器人视觉可以分为六个主要部分：传感预处理、分割、描述、识别、解释。根据上述过程所涉及的方法和技术的复杂性，可分为三个层次：底层视觉处理、中层视觉处理和高级视觉处理。

（2）机器视觉

我们知道人类视觉通常是识别环境物体的位置坐标、物体之间的相对位置、物体的形状和颜色等。因为人类生活在一个三维空间中，所以机器人视觉必须能够理解三维SPAC。E信息，即机器人视觉和文本识别或图像识别。不同的是，机器人视觉系统需要处理三维图像，不仅要了解物体的大小和形状，还要知道物体之间的关系。为了实现这个目标，我们必须克服许多困难。因为视觉传感器只能得到二维图像，然后从同一物体上的不同角度得到不同的图像。光源的不同位置导致图像的不同程度的照明和分布；实际对象彼此不重叠，但从某个角度来看，可以获得重叠图像。为了解决这一问题，采取了许多措施，不断地研究新的方法。

通常，为了减轻视觉系统的负担，人们总是尽可能地改善外部环境条件，并对透视、照明、物体放置进行一些限制。但更重要的是要加强视觉系统本身的功能，并使用更好的信息处理方法。

2.机器人视觉系统的组成

一个典型的机器人视觉系统由视觉传感器、图像处理机、计算机及其相关软件组成。

（1）机器人视觉系统的硬件

机器人视觉系统的硬件由以下几个部分组成。

①景物和距离传感器：常用的有摄像机、CCD图像传感器、超声波传感器和结构光设备等。

②视频信号数字化设备：其任务是把摄像机或CCD输出的信号转换成方便计算和分析的数字信号。

③视频信号快速处理器：视频信号实时、快速、并行算法的硬件实现设备，如DSP系统。

④计算机及其外设：根据系统的需要可以选用不同的计算机及其外设来满足机器人视觉信息处理及机器人控制的需要。

（2）机器人视觉系统的软件。

机器人视觉的软件系统有以下几个部分组成。

①计算机系统软件：选用不同类型的计算机，就要有不同的操作系统和它所支撑的各种语言、数据库等。

②机器人视觉信息处理算法：图像预处理、分割、描述、识别和解释等算法。

五、机器人视觉系统的原理

图像传感器是利用光电转换原理拍摄平面光学图像并将其转换成电子图像信号的装置。图像传感器必须具有两个功能，一个是将光信号转换成电信号，另一个是用点矩阵对平面图像上的像素进行采样，并及时取出这些像素。

图像传感器也称为摄像管。摄像管的发展非常迅速。拥有光电摄像管、超光电摄像管、直角摄像管、光电导摄像管、CCD图像传感器、CMOS图像传感器等固态摄像管。

1.CCD及其原理

视觉信息通过视觉传感器转换成电信号。在空间采样和振幅之后，这些信号形成数字图像。机器人视觉的主要组成部分是电视摄像机，它由摄像管或固态成像传感器和相应的电子电路组成。本文仅介绍光电导摄像管的工作原理，因为它是一种常用的摄像管代表。

（1）CCD的概念

固态成像传感器的关键部件有两种：一种是电荷耦合器件（CCD），另一种是电荷注入器件（CID）。与摄像管相机相比，固态成像器件具有重量轻、体积小、寿命长、功耗低等优点。

圆柱形玻璃外壳2位于光电导摄像管外，电子束通过位于一端的电子枪和位于另一端的屏幕感光层施加在线圈上的电压偏转。偏转电路驱动电子束扫描感光层的内表面，用于“读取”图像，如下所述。

玻璃屏的内表面涂有透明的金属膜，形成一个可以从中获得视频信号的电极。薄的感光层附着在金属膜上。它由微小的球体组成，其电阻与光强成反比。感光层后面有一个细小的带正电荷的金属网，它减缓了枪发出的电子，并以接近零的速度到达感光层。

（2）CCD的工作原理

正常工作时，在屏幕上的金属涂层上加入正电压。在没有光的情况下，该材料呈现绝缘体特性，并且电子束在感光层的内表面上形成电子层，以平衡金属膜上的正电荷。当电子束扫描感光层的内表面时，感光层成为内表面负电荷的电容器，另一侧成为正电荷。

光投射到感光层上，其电阻减小，导致电子沿正电荷的方向流动并中和它们。由于流动的电子电荷的数量与投射在感光层的局部区域上的光的强度成正比，其效果是在感光层的表面上形成图像，该图像与相机管屏幕上的图像的亮度相同。也就是说，在黑暗区域中电子电荷的残留浓度较高，而在明亮区域中则更低。

当电子束再次扫描感光层的表面时，丢失的电荷被补充，这在金属层中产生电流，该电流可以从引脚引出。电流与添加到扫描的电子的数量成正比，因此它也与电子束扫描中的光束的强度成正比。通过照相机的电子电路放大后，通过扫描运动电子束获得的可变电流形成与输入图像的强度成比例的视频信号。

电子束以每秒25次的频率扫描感光层的整个表面。每个完整的扫描称为帧。它包含625条线，其中576条线包含图像信息。如果依次扫描每一行并将结果图像显示在监视器上，则图像将抖动。克服这种现象的方法是使用另一种扫描方法，该方法将帧分成两个交错的字段，每个字段包含312.5行，并以每秒50个字段扫描两次帧扫描频率。每个帧的第一个字段由奇数行和偶数行的第二行扫描。

也有一个标准扫描方法，可以实现更高的线扫描率，其工作基本上与前一个相同。例如，计算机视觉和数字图像处理中常用的扫描方法是每帧包含559行，其中512帧包含图像数据。将行数取为整数幂为2，优点是软件和硬件易于实现。

（3）行扫描传感器和面阵传感器

在讨论CCD器件时，传感器通常分为两类：线扫描传感器和表面阵列传感器。线扫描CCD传感器的基本元件是一行硅成像元件，称为光电探测器。光子通过透明多晶硅栅极被硅晶体吸收，产生一个电子-空穴对，将光电子集中在光电探测器中，并且每个光电探测器中的电荷数与该位置的照明成比例。两个门户根据特定的时间序列将每个成像元件的内容发送到它们各自的移位寄存器。输出门用于将移位寄存器的内容以一定的时间顺序发送到放大器。放大器的输出是与该光学检测器的含量成比例的电压信号。

电荷耦合阵列传感器类似于行扫描传感器，因为阵列传感器的离散光检测以矩阵形式排列，并且在两个光检测器列之间有逻辑门和移位寄存器组合，奇数光学检测器的数据依次通过门进入垂直移位寄存器，然后进入水平移位寄存器。水平移位寄存器的内容被添加到放大器，放大器的输出是一行视频信号。通过重复上述过程，可以获得电视图像的第二隔行场。这种扫描模式的重复率是30帧/秒。

显然，线扫描相机只能产生一行输入图像。这种装置适用于物体相对于传感器（如传送带）移动的情况。沿着传感器的垂直方向的物体的运动可以形成二维图像。一种具有256～2048个元件分辨率的线扫描传感器更常用。阵列传感器的分辨率分为低、中、高。低分辨率为32×32个元素，分辨率为256×256个元素。目前，市场上高分辨率器件的分辨率为480×480个元件，CCD传感器正在研制中。分辨率达到1024×1024个元素甚至更高。

2.图像信号的数学运算

图像信号通常是二维信号。图像通常由512 × 512像素（有时256 × 256，或1024 × 1024像素）组成，每个像素具有256灰度级，并且图像具有256 kb或768 kb（用于颜色）的数据。

为了完成对视觉处理的感知、预处理、分割、描述、识别和解释，上述主要数学运算可以概括如下。

（1）点处理

它通常用于对比度增强、小密度非线性校正、阈值处理、伪彩色处理等。每个像素的输入数据通过一定的变换关系（如对数变换）映射到成像元件的输出数据。暗区对比度扩大。

（2）二维卷积的运算

常用于图像平滑、尖锐化、轮廓增强、空间滤波、标准模板匹配计算等。若用M × M卷积核矩阵对整幅图像进行卷积时，要得到每个像素的输出结果就需要作M2次乘法和（M2-1）次加法，由于图像像素一般很多，即使用较小的卷积和，也需要进行大量的乘加运算和存储器访问。

（3）二维正交变换

常用二维正交变换有FFT、Walsh、Haar和K-L变换等，常用于图像增强、复原、二维滤波、数据压缩等。

（4）坐标变换

它通常用于图像缩放、旋转、移动、配准、几何校正和基于投影值的图像重建。

（5）统计计算

例如，计算密度直方图分布、均值和协方差矩阵。这些统计常用于直方图均衡化、面积计算、分类和K-L变换。

3.视频信号处理方案

在视觉信号处理中，计算机需要大量的操作和内存访问时间来执行上述操作。如果通用计算机用于视频数字信号处理，将会有很大的局限性。因此，通用计算机上视觉信号的处理有两个突出的限制：操作速度慢和存储容量小。为了解决上述问题，我们可以采取以下方案。

（1）通用视频信号处理系统

为了解决小型计算机的低速和小型存储的缺点，人们自然会使用大规模的高速计算机。使用大规模高速计算机形成通用视频信号处理系统的缺点是成本太高。

（2）小型高速阵列机

为了降低视频信号处理系统的成本，提高设备的利用率，一些厂家选择低成本的中小型计算机作为主机，然后在视频信号处理系统的设计中配备高速阵列机。

（3）使用专用的视觉处理器。

为了满足微机视频数字信号处理的需要，许多厂家设计了一种结构简单、成本低、性能指标高的专用视觉信号处理器。它们大多采用多处理器并行处理、流水线结构和基于DSP的解决方案。

六、视觉信息的处理

从视觉传感器的原始图像中获得精确的三维集合描述和定量地确定对象的特征是非常困难的。它也是计算机视觉或图像理解的主要研究课题。然而，对于用于完成特定任务的机器视觉系统，它不需要完全“了解”它的环境，而只需要提取必要的信息来完成任务。

预处理是视觉处理的第一步。它的任务是处理输入图像，消除噪声，提高图像质量，为以后的处理创造条件。

为了描述对象的属性和位置，对象必须与它们的背景分离。因此，在预处理之后，首先必须对图像进行分割，即提取表示对象的像素集合。

一旦提取出区域，就需要检测其各种特征，包括颜色、纹理，尤其是其设置形状特征，这构成了识别物体并确定其位置和方向的基础。

目标识别主要是基于图像匹配，即根据视觉处理的结果对对象的模板、特征或结构进行匹配和比较，以确定图像中包含的对象属性，给出相关的描述，并输出到机器人控制。完成相应的动作。

1.图像预处理

预处理的主要目的是从原始图像中去除各种噪声和其他无用信息，提高图像的质量，增强感兴趣的有用信息的检测能力。从而简化了分割、特征提取和识别处理，提高了可靠性。机器视觉的常用预处理包括去噪、灰度变换和锐化。

（1）去噪

原始图像不可避免地会包含许多噪声，如传感器噪声、量化噪声等。一般来说，噪声比图像本身包含很强的高频分量，噪声空间无关，因此简单的低通滤波是最常用的去噪方法。

空间滤波可分为两种方法。一种是局部平均法，即输入图像和窗函数的卷积。这种平滑处理可以消除噪声，但同时削弱图像本身的高频分量，导致图像模糊。另一种是中值滤波，这是可以克服的。这个弱点。中值滤波用原始图像的每个窗口中的每个像素的灰度值的中值来代替窗口的中心像素的灰度值。它是一种非线性滤波器，具有较大的计算量，尤其是当滤波窗口增大时。

在静止图像的处理中，可以采用时间滤波技术，即连续获取多个图像，并对相应像素的灰度值进行加法和平均。这对于消除随机噪声是非常有效的，并且对图像没有影响。

（2）灰度变换

由于照明等原因，原始图像的对比度往往不能令人满意。可以通过使用各种灰度变换来增强原始图像的对比度。例如，有时图像亮度的动态范围很小，表明直方图是窄的，即灰度在一定范围内，然后通过所谓的直方图拉伸处理，即通过灰度变换，两端灰度值O。f将原始直方图拉至最小值（0）和最大值（255），使得图像所占据的灰度值为满（0～255）。在整个区域中，提高图像的水平，以达到图像细节增强的目的。

与此类似的一种灰度变换是增强我们感兴趣的某一灰度区间（如对应于图像中某一物体的灰度值）的对比度，使这一区间的灰度等级（分层）增加，即增强了相应物体的细节。

另一种对比度增强的方法是直方图均衡化。通过对图像灰度值的变换，在直方图值较大的情况下拉伸灰度值，压缩直方图值较小的灰度值，使直方图均匀分布。因此，增强了图像中大多数像素的对比度。

（3）锐化

为了突出图像中的高频成分，增强轮廓，可以使用锐化。最简单的方法是使用高通滤波器。

2.图像分割

图像分割是指从图像中提取景物的过程。图像分割的目的是将图像分割成不同的区域，以便对图像的一部分进行进一步分析。基于灰度、纹理和颜色特征，像素点满足一定的相似性准则。图像分割大致可分为三类：阈值法、边缘法和区域法。

（1）阈值法

阈值作为分割对象与背景像素的阈值。大于或等于阈值的像素属于对象，而其他像素属于背景。阈值法是一种简单有效的图像分割方法，是基于直方图分割的方法，主要针对灰度图像，实现简单，计算量小。近年来，对于彩色图像，人们选择了RGB空间或HSI空间中的一个通道或它们的线性组合进行阈值分割，从而提高了分割效果。

该方法对目标与背景有明显差异的场景分割是非常有效的。事实上，在图像处理系统的任何实际应用中都需要阈值处理技术。为了有效地分割对象和背景，已经开发了各种阈值处理技术，包括全局阈值、自适应阈值和最优阈值。

（2）边缘法

边缘方法是一种基于边界检测和分析的分割方法。对象边界作为分割对象。它根据图像的灰度和颜色划分图像空间。在定义初始轮廓的情况下，边界和形状因子之间的平衡可以通过使用一定能量表达式最小化总能量来实现。近年来，将动态规划、神经网络和贪心算法应用到边界优化中，可以快速地获得某一准则下的最优边界或局部边界。

为了获得图像的边缘，人们提出了多种边缘检测方法，如Sobel、Canny edge、LoG等。在边缘图像的基础上，需要通过平滑、形态学等处理去除噪声点、毛刺、空洞等不需要的部分，再通过细化、边缘连接和跟踪等方法获得物体的轮廓边界。

（3）区域法

区域法是根据同一物体区域内像素的相似性质来聚集像素点的方法，从初始区域（如小邻域甚至于某个像素）开始，将相邻的具有同样性质的像素或其他区域归并到目前的区域中，从而逐步扩大区域，直至没有可以归并的点或其他小区域为止。区域内像素的相似性度量可以包括平均灰度值、纹理、颜色等信息。

与阈值法相比，这种方法除了考虑分割区域的同一性，还考虑了区域的连通性。连通性是指在该区域内存在连接任意两点的路径，即所含的全部像素彼此邻接。

3.图像的特征抽取

常用的图像特征有颜色特征、纹理特征、几何特征（形状特征、空间关系特征）等。

（1）颜色特征

颜色特征是描述与图像或图像区域对应的场景的表面属性的全局特征。通常，颜色特征基于像素特征，其中属于图像或图像区域的所有像素都有它们自己的贡献。由于颜色对图像或图像区域的方向和大小不敏感，所以颜色特征不能捕捉图像中的对象的局部特征。此外，如果数据库较大，则当仅使用颜色特征时，将检索许多不必要的图像。颜色直方图是最常用的表示颜色特征的方法。它的优点是不受图像旋转和平移的影响。进一步的归一化不会受到图像尺度变化的影响。缺点是它不表达颜色空间分布的信息。

（2）纹理特征

纹理特征也是一个全局特征，它还描述了图像或图像区域对应的场景的表面属性。然而，由于纹理仅仅是物体的表面特征，它不能完全反映物体的本质属性，因此仅仅利用纹理特征就不可能获得高层次的图像内容。不同于颜色特征，纹理特征不是基于像素特征，而是需要在包含多个像素的区域中进行统计计算。在模式匹配中，该区域特征具有很大的优越性，不能因局部偏差而不成功。

（3）形状特征

基于形状特征的各种检索方法能够有效地利用图像中的感兴趣对象进行检索。一般来说，形状特征有两种：一种是轮廓特征，另一种是区域特征。图像的轮廓特征主要针对对象的外边界，图像的区域特征与整个形状区域相关。

（4）空间关系特征

所谓空间关系是指图像中多个目标之间的空间位置或相对方向关系。这些关系也可以分为连接/邻接关系、重叠/重叠关系和包含/包含关系。

一般情况下，空间位置信息可分为两类：相对空间位置信息和绝对空间位置信息。前者强调目标之间的相对位置，如上下左右的关系，后者强调目标之间的距离和方向。显然，相对空间位置可以从绝对空间位置推导出，但相对空间位置信息往往比较容易表达。

空间关系特征的使用可以增强描述和区分图像内容的能力，但是空间关系特征往往对图像或物体的旋转、反转和尺度变化敏感。另外，在实际应用中，仅使用空间信息往往是不够的，不能准确有效地表达场景信息。为了检索，除了使用空间关系，还需要其他特征来匹配。

4.图像的识别

图形刺激作用于感觉器官，人们认识到它是经历某种模式的过程，也被称为图像识别。在图像识别中，不仅要输入当时的感觉信息，而且要把信息存储在存储器中。只有通过存储信息与当前信息的比较，才能实现对图像的识别。

图像识别是一种利用计算机来处理、分析和理解图像以识别物体和物体的不同模式的技术。通常有模板匹配、特征匹配、结构匹配等。图像识别技术是人工智能的一个重要领域。为了编制模拟人体图像识别活动的计算机程序，提出了不同的图像识别模型。例如，模板匹配模型。

模板匹配模型认为，为了识别图像，需要在过去的经验中有图像的存储模式，这也被称为模板。如果当前刺激与大脑中的模板匹配，则图像将被识别。例如，如果大脑中有一个模板，字母A的大小、方向和形状与A模板完全相同，则字母A被识别。模板匹配模型简单，易于应用。但是该模型强调图像必须与大脑中的模板完全一致，以便被识别。事实上，人们不仅可以识别与大脑中的模板完全一致的图像，还可以识别与模板完全不一致的图像。例如，人们不仅可以识别特定的字母A，还可以识别打印、手写、误导和各种大小的字母A。同时，存在大量可以被人类识别的图像，并且如果每个被识别的图像具有对应的T，则不可能。铭记在脑中。

七、数字图像的编码

1.轮廓编码

数字图像要占用大量的内存，实际使用时，总是希望用尽可能少的内存保存数字图像，为此，可以选用适当的编码方法来压缩图像数据，目的不同，编码的方法也不同。例如在传送图像数据的时候，应选用抗干扰的编码方法。

在恢复图像的时候，因为不要求完全恢复原来的画面，特别是机器人视觉系统，只要求认识目标物体的某些特征或图案，在这种情况下，为了使数据处理简单、快速，只要保留目标物体的某些特征，能达到区别各种物体的程度就可以了。这样做可以使数据量大为减少。

常用的编码方法有轮廓编码和扫描编码。所谓轮廓编码是在画面灰度变化较小的情况下，用轮廓线来描述图形的特征。具体地说，就是用一些方向不同的短线段组成多边形，用这个多边形来描绘轮廓线。各线段的倾斜度可用一组码来表示，称为方向码。

使用二位BCD码可以表示四个方向，使用三位BCD码可以表示八个方向。一小段轮廓线可以用一个有方向的短线段来近似，每个线段对应一个码，一组线段组成链式码，这种编码方法称为链式编码。用四方向码编码时，每个线段都取单位长度。用八方向码编码时，水平和垂直方向的线段取单位长度d，对角线方向的线段长度取为2d。

使用方格分割轮廓线，取离轮廓线最近的方格交点进行链式编码，也是一种可行的办法。其链式码为：34332111000770766655443 4。

2.扫描编码

所谓扫描法，是将一个画面按一定的间距进行扫描，在每条扫描线上找出浓度相同区域的起点和长度。

在第3、4……条线上存在物体的图像，依次编号为①、②……

一条扫描线上如果有几段物体图像，则分别编号，将编好号的扫描线段的起点、长度连同号码按先后顺序存入内存，扫描线没有碰到图像时，不记录数据。由此可见，用扫描编码的方法也可以压缩图像数据。

八、机器人视觉系统的应用

机器人通常在需要了解周围环境的操作过程中使用视觉系统，检测、导航、物体识别、装配及通信等操作过程常需要使用视觉系统。

1.视觉应用类型

机器人视觉应用大致可分为三类：视觉检测、视觉引导和过程控制，以及近年来移动机器人视觉导航的快速发展。其应用领域包括电子工业、汽车工业、航空工业、食品和制药工业。

（1）目视检查

例如，在制造电路板的自动化生产线中，重要的是在不同的阶段检查电路板，特别是在每次操作之前或之后。在这种情况下，视觉系统创建一个单元，在该单元中，对待检查的分量图像进行提取、修改、修改和变换，然后将处理后的图像与存储器中的图像进行比较。如果两个匹配，则结果被接受，否则将接受待检测的对象。拒绝或修改它。这是目视检查。

（2）视觉引导

例如，当机器人完成组装、分类或处理操作时，如果没有视觉反馈，则提供给机器人的部件必须保持精确的固定位置和方向，对于每个特定形状的部件要用特殊的振动斗式给料机馈送，因此从而保证机器人能够准确地掌握零件。但由于零件的形状、体积和重量，有时不能保证提供固定的位置和方向，或者使用供料器对各种零件和小批量产品是不经济的。此时，机器视觉系统可以用来识别、定位和定位零件，并引导机器人完成零件的分类、取放。收紧装配是一种经济有效的方法。这是视觉引导。

例如，当移动机器人抓取物体时，它首先识别物体。机器人视觉系统并行扫描物体，然后通过摄像机输入计算机处理投射到物体上的光束的成像信息，并计算正确的3D信息。机器人也知道物体的位置和通过视觉系统保持物体的末端执行器的位置。这也是视觉引导。

（3）过程控制

视觉系统可以用来分析导航系统中的场景，然后找出避开障碍物和可行路径。在某些情况下，视觉系统还可以向远程机器人的操作者发送信息。例如，除了自主操作之外，空间探测机器人操作员可以根据其发送的视觉信息远程操作。在一些医学应用中，外科医生控制的外科机器人也依赖于机器人的视觉信息。这是过程控制。

2.可视化应用实例

大部分的视觉机器人被用于传送带或架子上，主要用于完成零件跟踪和识别任务，所需的分辨率低于视觉检查，一般在零件1%至2%的宽度。关键问题是选择合适的照明和图像采集方法，以实现零件与背景之间足够的对比度，从而简化后续的视觉处理。

（1）Consight视觉系统

通用汽车（GM）在20世纪80年代初开发了该系统，在1985多家工厂中安装了超过300家通用汽车。该系统采用狭缝光照射物体，用线阵CCD摄像机提取零件轮廓，计算其几何特征，识别和确定零件在输送带上运动的位置和方向，并控制机械手抓取并放入TH。E对应的bin。

（2）焊缝跟踪

也就是说，视觉引导的焊接机器人，也开始在汽车行业中，汽车行业所使用的机器人大约一半用于焊接。自动焊接比手工焊接更可靠，保证了焊接质量的一致性。但自动焊接的关键问题是保证焊机位置的准确性。使用传感器反馈可以使自动焊接更加灵活，但各种机械或电磁传感器需要接触或接近金属表面，因此工作速度慢，调整困难。

弧焊机器人视觉传感器，机器视觉作为一种非接触式传感器，在焊接机器人的反馈控制中具有很大的优势。它可以直接用于动态测量和跟踪焊缝的位置和方向，因为工件可能在焊接过程中发生热变形，从而导致焊缝位置的变化。它还可以检测焊缝的宽度和深度，并监测熔池的特性。通过计算机对这些参数进行分析，可以调整焊枪沿焊缝的移动速度、焊枪距工件的距离和倾斜以及焊丝的供给速度。通过调整这些参数，视觉引导焊接机可以获得最佳的熔透、横截面和表面粗糙度。

（3）Seampilot视觉系统

荷兰Oldelft公司研制的Seampilot视觉系统，已被许多机器人公司用于组成视觉导引焊接机器人。它由3个功能部件组成：激光扫描器／摄像机、摄像机控制单元（CCU）、信号处理计算机（SPC）。它装在机器人的手上。视觉导引焊接机器人系统聚焦到由伺服控制的反射镜上，形成一个垂直于焊缝的扇面激光束，线阵CCD摄像机检出该光束在工件上形成的图像，利用三角法由扫描的角度和成像位置就可以计算出激光点的y-z坐标位置，即得到了工件的剖面轮廓图像，并可在监视器上显示。

剖面轮廓数据经摄像机控制单元（CCU）送给信号处理计算机（SPC），将这一剖面数据与操作手预先选定的焊接接头板进行比较，一旦匹配成功即可确定焊缝的有关位置数据，并通过串口将这些数据送到机器人控制器。

第二节 传感器的性能指标

如果要选取合适的传感器，必须要先住到传感器的规格参数，传感器的常见的规格参数如下所述。

一、灵敏度

灵敏度是当传感器的输出信号稳定时输出信号的变化与输入信号的变化之比。如果传感器的输出和输入是线性的，那么我们可以把灵敏度可表示为

$$s = \frac{\Delta y}{\Delta x}$$

式中，s 为传感器的灵敏度；Δy 为传感器输出信号的增量；Δx 为传感器输入信号的增量。

通常我们认为，如果传感器的输出与输入是非线性的，则其灵敏度是曲线的导数。传感器输出的尺寸和输入的尺寸不一定相同。如果输出和输入具有相同的尺寸，则传感器的灵敏度也称为放大率。通常，传感器的灵敏度尽可能大，这使得传感器的输出信号更加准确和线性。但是，过高的灵敏度有时会导致传感器的输出稳定性降低，因此应根据机器人的要求选择适中尺寸的传感器灵敏度。

二、线性度

线性度反映了传感器输出信号和输入信号之间的线性度。假设传感器的输出信号为y且输入信号为 x，则输出信号 y 与输入信号 x 之间的线性关系可表示为

$$y = kx$$

若 k 为常数，或者近似为常数，则传感器的线性度较高；如果 k 是一个变化较大的量，则传感器的线性度较差。机器人控制系统应该选用线性度较高的

传感器。实际上，只有在少数情况下，传感器的输出和输入才呈线性关系。在大多数情况下，k 为 x 的函数，即

$$k = f(x) = a_0 + a_1x_1 + a_2x_2 + \cdots + a_nx_n$$

如果传感器的输入量变化不太大，且a_1，a_2，…，a_n都远小于 a_0，那么可取 $k = a_0$，近似地把传感器的输出和输入看成线性关系。常用的线性化方法有割线法、最小二乘法和最小误差法等。

三、测量范围

测量范围是最大允许值和要测量的最小允许值之间的差值。通常要求传感器的测量范围必须覆盖机器人的待测工作范围。如果无法做到这一点，您可以尝试使用某种转换设备，但这会引入某种错误，这会影响传感器的测量精度。

四、精度

精度是指传感器的测量输出与实际测量值之间的误差。在机器人系统的设计中，应根据系统的工作精度选择合适的传感器精度。

在实际应用中，我们应注意传感器精度的使用条件和测量方法。操作条件包括机器人的所有可能的操作条件，如不同的温度、湿度、运动速度、加速度和可能范围内的各种负载效应。用于测量传感器精度的测量仪器必须具有比传感器更高的精度，在进行精度测试时应考虑到最恶劣的工作条件。

五、重复性

在实际的工业应用中，在相同的测量条件下，连续测量所得结果的一致性称为重复性。在一致性好的情况下，传感器的测量误差小，重复性好。对大多数传感器而言，重复性指标优于精度指标，这些传感器的精度不一定较高，但只要温度、湿度、受力条件等参数保持不变，传感器的测量结果就不会有很大的变化。同样，使用条件和测试方法也应考虑传感器的可重复性。传感器的可重复性对于教学再现机器人来说是非常重要的，它直接关系到机器人教学轨迹

的准确再现。

六、分辨率

分辨率是传感器在整个测量范围内可识别的最小变化量，或可识别的不同测量值的数量。传感器可以识别的测量的最小变化越小，或者可以识别的测量次数越多，分辨率越高，否则分辨率越低。无论是教育重放机器人还是智能机器人，传感器的分辨率都有一定的要求。传感器分辨率直接影响机器人的可控性和质量。通常，根据机器人的工作任务，您需要指定传感器分辨率的最低要求。

七、响应时间

通常我们可以认为，在实际的工业生产过程中，响应时间是传感器输出信号变化后变化并达到稳定值所需的时间。它是传感器的动态性能指标。在某些传感器中，输出信号将在达到某个稳定值之前短时间振荡。传感器输出信号的振荡对机器人控制系统非常不利。它有时会导致虚拟位置，影响机器人的控制精度和工作精度，因此传感器的响应时间尽可能短。响应时间应从输入信号开始变化的时间和输出信号达到稳定值的时间开始计算。实际上，还必须指定一系列稳定值，只要输出信号的变化不再超过该范围，就可以认为它已达到稳定值。对于特定的系统设计，还应指定响应时间的上限。

八、抗干扰能力

机器人的工作环境是多种多样的，在某些情况下可能会很糟糕。因此，必须考虑机器人传感器的抗干扰能力.由于传感器输出信号的稳定性是控制系统稳定工作的前提，是防止机器人系统发生意外动作或故障的保证，因此在传感器系统的设计中必须采用可靠性设计技术。抗干扰能力通常由每单位时间的失效概率来定义，因此它是一个统计指标。

第二节　机器人内部传感器

传感器在机器人内部的功能是检测机器人自身的状态是测量运动学和动力学参数。它可以使机器人感知自己的状态，并对其进行调节和控制。它可以根据指定的位置、轨迹和速度参数工作。

内部传感器通常由位置传感器、角度传感器、速度传感器、加速度传感器等组成。

一、机器人位置传感器

位置传感是机器人最基本的感官要求。它可以通过多种传感器来实现。常见的机器人位置传感器包括电阻位移传感器、电容位移传感器、电感位移传感器、光电位移传感器、霍尔元件位移传感器、磁栅位移传感器等。机械位移传感器等。

每个关节和连杆的运动定位精度要求、重复精度要求和运动范围要求是选择机器人位置传感器的基本依据。

1.电位计传感器

一种典型的位置传感器是电位计（也称为电位器或分配器），它由绕线电阻（或薄膜电阻）和滑动触点组成。滑动接触由机械装置控制。当测量位置改变时，滑动触点也会移位，改变滑动触点和电位器之间的电阻值和输出电压值。根据输出电压值的变化，可以检测出机器人关节的位置和位移。

（1）电位器式位置传感器

在工作台或机器人的另一个关节下有接触电阻。当工作台或接头左右移动时，触头向左和向右移动，从而改变接触电阻的位置。基于电阻中心检测运动距离。

假定输入电压为E，最大移动距离（从电阻中心到一端的长度）为L，在可动触点从中心向左端只移动x的状态，假定电阻右侧的输出电压为e。若在电路中流过一定的电流，由于电压与电阻的长度成比例（全部电压按电阻长度进行分压），所以左、右的电压比等于电阻长度比，也就是：

$$E\text{-}e/e = L\text{-}x/L + x$$

因此，可得移动距离x为：

$$x = L(2e\text{-}E)/E = 2L/Ee\text{-}L$$

（2）电位计式角度传感器

把电阻元件弯成圆弧形，可动触点的另一端固定在圆的中心，并像时针那样回转时，由于电阻长随相应的回转角变化，因此基于上述理论可构成角度传感器。

电位计由环状电阻器和与其一边电气接触一边旋转的电刷共同组成。当电流沿电阻器流动时，形成电压分布。如果这个电压分布制作成与角度成比例的形式，则从电刷上提取出的电压值，也与角度成比例。作为电阻器，可以采用两种类型，一种是用导电塑料经成形处理做成的导电塑料型。

2.光电式位置传感器

光电式位置传感器，如果事先求出光源（LED）和感光部分（光敏晶体管）之间的距离同感光量的关系就能从测量时的感光量，检测出位移 X_0 光电位置传感器

二、机器人的角度传感器

1.编码器的分类

目前机器人中应用最多的测量旋转角度的传感器是旋转编码器，又称为转轴编码器、回转编码器等，一般把传感器装在机器人各关节的转轴上，用来测量各关节转轴转过的角度。它把连续输入的轴的旋转角度同时进行离散化（样本化）和量化处理后予以输出。

（1）绝对式编码器和增量式编码器

编码器按照测出的信号是绝对信号还是增量信号，可分为绝对式编码器和增量式编码器。

把旋转角度的现有值，用nbit的二进制码表示进行输出，这种形式的编码器称为绝对式（绝对值型）。每旋转一定角度，就有1 bit的脉冲（1和0交替取值）被输出，这种形式的编码器称为增量式（相对值型）。增量式编码器用计

数器对脉冲进行累积计算，从而可以得知初始角旋转的角度。

目前，有两种类型的混合编码器，包括绝对式和增量型。在使用该编码器时，用绝对公式确定初始位置，并利用增量公式确定从初始位置开始的角度变化的精确位置。

（2）光电、接触和电磁编码器。

根据不同的检测方法、结构和信号转换方式，编码器可分为光电式、接触式和电磁式。目前常用的是光电编码器。

（3）线性编码器和旋转编码器

如果使用轴向移动板编码器代替圆形转台，则称为线性编码器。它是检测单位时间的位移距离，即速度传感器。线性编码器，如旋转编码器，也可以用作位置传感器和加速度传感器。直线编码器是基于直线运动的距离和位置传感器的输出值；旋转编码器是基于旋转角度和位置的传感器输出值。

线性编码器或旋转编码器有两种：绝对式和增量型。旋转装置在机器人中特别流行，因为机器人具有比棱镜关节更多的旋转关节；线性编码器是昂贵的，甚至以线性方式移动，例如使用旋转编码器的球形坐标机器人。

2.绝对式光电编码器

绝对编码器是直接编码的测量元件，它可以直接将测量的角度或位移转换成相应的代码，指示绝对位置没有绝对误差，并且在切断电源时不会丢失位置信息。

使用绝对旋转编码器，可以利用传感器检测角度和角速度。由于编码器的输出代表旋转角的当前值，角速度可以通过记忆单位时间之前的值并取其与当前值之间的差值来获得。绝对编码器结构复杂，价格昂贵，难以实现高精度和高分辨率。

编码盘以一定的编码形式（如二进制编码等）将光盘分成若干个相等的部分，并将每个表示测量位置的相等部分上的数字转换成电信号，以便输出使用光电原理进行检测。

（a）二进制码编码盘（b）格雷码编码盘

将圆盘置于光线的照射下，当透过圆盘的光由n个光传感器进行判读时，判读出的数据变成为nbit的二进制码。编码器的分辨率由比特数（环带数）决定，例如，12bit编码器的分辨率为2–12=4096，所以可以有1/4096的分辨率，并对1转360°进行检测。BCD编码器，设定以十进制作为基数，所以其分辨率变为（360/4000）°。

绝对式编码器对于转轴的每一个位置均产生唯一的二进制编码，因此可用于确定绝对位置。绝对位置的分辨率取决于二进制编码的位数，即码道的个数。目前光电编码器单个编码盘可以做到18个码道。

使用二进制码编码盘时，当编码盘在其两个相邻位置的边缘交替或来回摆动时，由于制造精度和安装质量误差或光电器件的排列误差将产生编码数据的大幅跳动，导致位置显示和控制失常。例如，从位置0011到0100，若位置失常，就可能得到0000、0001、0010、0101、0110、0111等多个码值。所以，普通二进制码编码盘现在已较少使用，而改为采用格雷码编码盘。

格雷码为循环码，真值与其码值及二进制码值的对照如表6-1所示。格雷码是非加权码，其特点是相邻两个代码间只有一位数变化，即0变1，或1变0。如果在连续的两个数码中发现数码变化超过一位，就认为是非法的数码，因而格雷码具有一定的纠错能力。

格雷码本质上是另一种数字形式的二进制码，是一种二进制码加密处理。格雷码解密后可以转换成二进制码，实际上只解密成二进制码即可得到真实的位置信息。Gray码的解密可以通过硬件解密或软件解密来实现。

光电编码器的性能主要取决于光电传感器的质量和光源的性能。一般来说，光源要求具有良好的可靠性和环境适应性，光源的光谱与光电传感器（感光器）相匹配。如果要增加信号的输出强度，输出端也可以连接电压放大器。为了减少光噪声的污染，需要在光路中加入透镜和狭缝器件。透镜将光源发出的光聚焦成平行光束。狭缝宽度应保证所有轨道光电传感器的敏感区域在狭缝内。

3.增量式光电编码器

增量式光电编码器可以对转轴的瞬时角位置进行数字化测量，也可以测量转轴的转速和转向。在机器人的关节轴上安装增量式光电编码器，测量转轴的相对位置，但不能确定机器人转轴的绝对位置。因此，这种光电编码器通常用于定位精度要求较低的机器人，例如喷涂、搬运和码垛机器人。

增量旋转编码器还可以利用传感器检测角度和角速度。单位时间的输出脉冲数与角速度成正比。

增量式光电编码器无接触磨损，允许速度快、精度高、可靠性高，但结构复杂，安装困难。编码器盘的相对旋转角度可以根据相位A和B中的任意光栅的输出脉冲数来确定，编码器盘的旋转速度可以根据输出脉冲的频率来确定，编码器盘的旋转方向可以是。利用适当的逻辑电路，根据相位A和B相输出脉冲的相位序列来确定。A、B两相光栅为工作信号，C相位为符号信号，编码盘每周旋转一次，符号信号发出脉冲，用作同步信号。

在采用增量式旋转编码器时，得到的是从角度的初始值开始检测到的角度变化，问题变为要知道现在的角度，就必须利用其他方法来确定初始角度。

角度的分辨率由环带上缝隙条纹的个数决定。例如，在一转（360°）内能形成600个缝隙条纹，就称其为600p/r（脉冲／转）。此外，分辨率以2的幂乘作为基准，例如211=2048p／r等这类分辨率的产品，已经在市场上销售。

三、机器人的速度传感器

速度传感器是机器人中最重要的内部传感器之一。由于机器人关节的速度主要是在机器人中测量的，所以这里只介绍角速度传感器。

目前，广泛使用的角速度传感器包括两种速度发生器和增量式光电编码器。测速发电机是一种广泛应用的测速传感器，它能直接得到代表速度的电压，具有很好的实时性。增量编码器可以用来测量增量角位移以及瞬时角速度。速度输出有两种：模拟和数字。

1.转速计发生器

测速发电机是一种基于发电机原理的转速传感器或角速度传感器。根据其结构，分为直流转速计和交流转速计。

直流测速发电机实际上是一种小型直流发电机。根据定子磁极的励磁方式，可分为电磁式和永磁式。直流测速发电机的输出电压应该与转速成严格的比例，这在实践中是难以实现的。直流测速发电机的输出电压为脉动电压，其交流分量对速度反馈控制系统和高精度计算装置有明显影响。

交流异步转速表的结构与交流伺服电机相似。交流异步转速表转子结构为笼型和杯型。空心杯转子异步转速计常用于自动控制系统中。交流同步测速发电机由于感应电动势的频率随转速而变化，因此电机本身的阻抗和负载阻抗随转速而变化。因此，输出电压不再与速度成比例。因此，同步发电机很少有应用。

测速发电机的功能是将机械转速转换成电信号。它常被用作转速表、校正器和计算元件。它与伺服电机配合使用，广泛应用于许多速度控制或位置控制系统中。例如，在稳态速度控制系统中，速度发生器将速度转换为电压信号作为速度反馈信号，可以实现更高的稳定性和精度。在计算和求解装置中，它常被用作微分和积分元件。

转速表是一个模拟速度传感器。它实际上是一个小型永磁直流发电机。它的工作原理是基于法拉第电磁感应定律。当线圈通过的磁通量恒定时，磁场中的线圈旋转，使得线圈两端产生的电压（感应电动势）与线圈（转子）的速度成比例。即：

$$u = kn$$

式中，u 为测速发电机的输出电压（V）；n 为测速发电机的转速（r/min）；k 为比例系数。

从公式中，输出电压与转子速度成线性关系。但是，当直流测速发电机加载时，电枢绕组会产生电流并使输出电压下降，这将破坏输出电压和速度的线性度，并使输出特性误差。为了减小测量误差，应尽可能小地保持负载，负载特性保持不变。

转速表的转子可与机器人关节伺服驱动电机连接，测量机器人运动过程中的关节旋转速度，可作为机器人速度闭环系统中的速度反馈元件。因此，转速计在机器人控制系统中得到了广泛的应用。

测速发电机线性度好、灵敏度高、输出信号强，目前检测范围一般为20 ~ 40r/min，精度为0.2% ~ 0.5%。

2.增量式光电编码器

如前所述，增量式光电编码器可以用作位置传感器，用于测量关节的相对位置和测量机器人关节速度的速度传感器。作为速度传感器，它既可用于模拟模式，也可用于数字模式。

（1）仿真模式

这样，需要一个频率-电压（F-V）转换器将编码器测量的脉冲频率转换成与速度成比例的模拟电压。F-V变换器必须具有良好的零输入、零输出特性和小的温度漂移，以满足测试要求。

（2）数字方式

数字方式测速是利用数学方式用计算机软件计算出速度。由于角速度是转角对时间的一阶导数，如果能测得单位时间Δt 内编码器转过的角度$\Delta\theta$，则编码器在该时间内的平均转速为：

$\omega = \Delta\theta / \Delta t$ 单位时间取得越小，则所求得的转速越接近瞬时转速。然而时间太短，编码器通过的脉冲数太少，会导致所得到的速度分辨率下降，需要使用一些计算方法得以解决。

四、机器人的姿态传感器

姿态传感器用于检测机器人与地面之间的相对关系。当机器人被限制在工厂的地板上时，不需要安装这样的传感器，例如大多数工业机器人。但是当机器人摆脱这种限制并且可以自由移动时，例如移动机器人，就需要安装姿态传感器。

一种典型的姿态传感器是陀螺仪，它利用高速旋转物体（转子）保持其一定姿态的特性。转子通过一个称为万向节的自由支撑机构安装在机器人上。当机器人在输入轴附近以角速度旋转时，与输入轴正交的输出轴仅在角度 θ 旋转。在速度陀螺仪中，增加了一个弹簧。卸载这个弹簧的陀螺仪被称为速率积分陀螺仪，其中输出轴以与输入轴周围的角速度成正比的角速度旋转。

姿态传感器设置在机器人的躯干部分。它用于检测运动过程中的姿态和方位角变化，保持机器人的正确姿态，并达到所需的指令方向。此外，还有气体速率陀螺仪、光学陀螺仪，前者在空气流改变这种现象时使用姿态变化；后者则使用环光相对于惯性空间，当沿着该路径的光的旋转将由于速度CHA的正确旋转而引起NGE现象。

第三节　机器人外部传感器

外部传感器主要用于检测机器人的环境和目标条件，如物体是什么，离物体有多远，被抓取的物体是否滑动，使得机器人能够与环境交互，并具有自校正和适应性。

从广义上讲，机器人的外部传感器是一种具有人体五感的传感器，用于检测机器人的环境（如什么物体、离物体有多远等）和传感器的情况（例如物体是否抓取滑块）。具体有物体识别传感器、物体检测传感器、接近传感器、距离传感器、力传感器、听觉传感器等。

一、机器人触觉传感器

人情味是人的情感之一。它通常包括热感觉、冷感觉、疼痛、触摸压力和力觉。

机器人触觉的原型是模仿人的触觉功能。它是关于机器人与物体之间直接接触的感觉。物体的表面特征和物理特性的感知是通过触觉传感器和被识别的物体之间的接触或相互作用来实现的。在没有触觉的情况下，我们不能用光滑的、稳定的方式抓住纸制成的杯子，也抓不住工具。

机器人触觉的主要功能有两个方面。

（1）检测功能：测试物体的物理特性。如粗糙度、硬度等，其目的是：感知危险状态，实现自我保护；灵活控制爪和关节操作物体；使操作适应性和顺从性。

（2）识别功能：识别物体的形状，如识别接触面的形状。

触摸有四种：触摸、压力、力和滑动。触觉触摸是指手指是否与被测试物体接触，即接触图形的检测。压力感垂直于机器人与物体之间的接触面上的力觉。力觉是机器人移动时各自由度的力觉。滑动是一个物体向垂直于手指保持表面的方向移动或变形的物体。狭义触觉字面意思是指触觉的前三种感觉。材料性质，如丝绸和皮肤接触也很难实现。以下是四个触觉传感器。此外，还有三种传感器：触摸、滑动和接近。

1.接近觉传感器

（1）接近觉传感器概述

接近传感器是机器人用来检测自身与周围物体之间的相对位置或距离的传感器。它检测到几毫米到十几厘米之间的距离。接近传感器使机器人能够感知物体或障碍物之间的距离、物体的表面特性等。其目的是在接触物体之前获得必要的信息以供后续动作。这种感觉是非接触的。在本质上，它可以被看作是触摸和视觉之间的感觉。有时，接近传感器和传感器如视觉和触觉之间没有明显的差异。

因为这些传感器可以用来感知物体的位置，它们也被称为位置传感器。传感器越靠近物体，确定物体的位置就越准确，因此它经常安装在机器人手中。

目前，根据转换原理，接近传感器分为电磁式、光电式、电容式、气动式、超声波式、红外线式等。根据感测范围（或距离），接近传感器大致可分为三类：感测近物体（毫米级），包括电磁感应、气动、电容；感测介质距离物体（30厘米以内），包括红外光电；感测长距离。ististes对象（超过30厘米），包括超声波、激光。

（2）涡流接近传感器

当导体在非均匀磁场中或在交变磁场中运动时，在导体内部产生感应电流。这种感应电流被称为涡流，称为涡流现象。利用这一原理，可以制作涡流传感器。涡流传感器通过交流电线圈发出高频电磁场，在磁场作用下被测物体产生涡流。由于传感器的电磁场方向与涡流方向相反，传感器的电感和阻抗通过两个磁场的叠加而减弱。

通过将传感器的电感和阻抗的变化转换成转换电压，可以计算目标物体与传感器之间的距离。该距离与转换电压成正比，但存在一定的线性误差。对于诸如钢或铝的物体，线性误差为0.5%。

该涡流传感器具有体积小、价格低、可靠性高、抗干扰能力强、检测精度高等优点。它能检测到0.02毫米的微位移。但是，传感器的检测距离较短，一般只能测量13毫米以内，只能检测到实心导体，这是其缺点。

（3）光学接近传感器

光纤是一种新型的光电材料，广泛应用于远距离通信和遥测中。利用光纤制作接近传感器可以用来检测机器人和物体之间的距离。该传感器具有抗电磁干扰能力强、灵敏度高、响应快等特点。

光纤传感器有三种不同的形式。

第一个是波束中断类型。在这种光纤传感器中，如果光发射器和接收器的路径中的光被阻挡，则指示在路径中存在对象，并且传感器可以检测对象。这种传感器只能检测不透明物体，并且不能检测透明或半透明物体。

第二种为回射型。不透光物体进入Y型光纤束末端和靶体之间时，到达接收器的反射光强度大为减弱，故可检测出光通路上是否有物体存在。与第一种类型相比，回射型光纤传感器可以检测出透光材料制成的物体。

第三种为扩散型。与第二种相比少了回射靶。因为大部分材料都能反射一定量的光，这种类型可检测透光或半透光物体。

（4）电容式接近觉传感器

电容式接近觉传感器的检测原理。利用平板电容器的电容C与极板距离d成反比的关系。其优点是对物体的颜色、构造和表面都不敏感且实时性好；其缺点是必须将传感器本身作为一个极板，被接近物作为另一个极板。这就要求被测物体是导体且必须接地，大大降低了其实用性。

当然，也可以使用电容式接近觉传感器。如果传感器本体由两个极板1、2构成，一个极板1由固定频率的正弦波电压激励，另一个极板2接电荷放大器，被测物体0介于两个极板之间时。在传感器两极板与被接近物三者间形成一交变电场。

当被测物体0接近两个极板时，两个极板之间的电场受到影响，也可以认为被测物体阻断了两个极板间的连续电力线。电场的变化引起两个极板间电容的变化。由于电压幅值恒定，所以电容的变化又反映为第二个极板上电荷的变化。测得了这个变化就能测得被测物体的接近程度。

（5）霍尔式接近觉传感器

霍尔效应是指金属或半导体片放置在磁场中时，当有电流流动时，在垂直于电流的方向和磁场产生的电动势。当单独使用霍尔传感器时，只能检测磁性物体。当与永磁体结合时，它可用于检测所有铁磁物体。

当传感器附近没有铁磁物体时，霍尔传感器感受到强磁场；如果存在铁磁物体，磁场将被铁磁物体绕过，磁场将被削弱。

（6）射流接近传感器

检测反作用力的一种方法是在接触物体后检测气体射流的压力。在该机构中，空气源输送一定的空气压力P1，距离物体X的距离越小，喷射的气流的面积越窄，气缸中的压力P越大。如果预先获得距离与压力的关系，则可以根据压力P确定距离x。

接近传感器主要感知传感器和物体之间的距离。它与精密测距系统不同，但也有一定的相似性。可以说，接近度是一种粗糙的距离传感器。接近传感器在机器人中有两个主要用途：避障和防震。前者是如何避免移动机器人的障碍，后者是机械手抓取物体时的柔性接触。在不同的情况下使用接近传感器，感觉的范围是不同的，从几米到十米远，到几毫米甚至更少。

2.接触式传感器

（1）接触式传感器概述

人的触觉很强。通过触摸，人们可以识别物体的形状，而不用他们的眼睛和它是什么。许多小物体可以通过人的触摸来识别，例如螺钉、开口销、圆销等。如果机器人需要执行复杂的装配工作，它们也需要这种能力。由多个接触传感器组成的触觉传感器阵列是识别物体的方法之一。

机器人中最早的接触传感器是一个开关传感器，只有0个和1个信号，相当于开关状态。它用来表示手指和物体之间的接触和非接触。触觉传感器侧重于阵列触觉传感器的信号处理，其目的是识别接触物体的形状。

①接触觉传感器的作用。

接触式传感器在机器人中具有以下功能：感知操作手指与物体之间的力，使手指正确移动；识别机械手的尺寸、形状、质量和硬度；避免危险，防止碰撞障碍引起的事故。

如果你想检测物体的形状，你需要在接触面上安装许多敏感元件。由于传感器具有一定的体积，如果此时仍使用开关传感器，则布置的传感器数量不会很大，形状识别会非常粗糙。

②接触式传感器的类型。

对于非阵列接触传感器，信号处理主要用于检测物体的存在或不存在。由于信息量小，处理技术相对简单和成熟。

对于阵列式接触传感器，其目的是识别接触表面的轮廓。该信号处理涉及信号处理、图像处理、计算机图形学、人工智能、模式识别等技术，是一种较为复杂和困难的技术，目前还很不成熟，有待进一步研究和开发。

③触摸传感阵列的原理。

电极与柔性导电材料（带状导电橡胶、PVF2膜）保持电接触，导电材料的电阻随压力而变化。当物体被压在其表面时，会引起局部变形。如果测量连续电压变化，则可以测量局部变形。电阻的变化很容易转换成电信号，其幅值与施加在材料表面上的点的力成正比。

（2）开关式接触觉传感器

开关触摸传感器的特点是体积大，空间分辨率低。机器人有时使用开关传感器来检测它们是否接触物体。传感器接受接触引起的柔韧性（位移等）。机械接触式传感器包括微动开关、限位开关等。微型开关是一种简单的机构，它可以通过按压开关进入电信号。接触传感器能够以非常小的力和杠杆原理工作。也可以使用诸如机器人运动极限的极限开关。

该板配备有用于多点连接和断开传感器连接板的装置。通常，当物体与物体接触时，弹簧收缩，上板和下板之间的电流被破坏。它的功能相当于一个开关，即0和1两个信号的输出。它可以用来控制机器人的运动方向和范围，避免障碍物。

（3）面接触式传感器

将接触觉阵列的电极或光电开关应用于机器人手爪的前端及内外侧面，或在相当于手掌心的部分装置接触式传感器阵列，则通过识别手爪上接触物体的位置，可使手爪接近物体并且准确地完成把持动作。

（4）触须式传感器

触须式传感器由须状触头及其检测部分构成，触头由具有一定长度的柔空软条丝构成，它与物体接触所产生的弯曲由在根部的检测单元检测。与昆虫的触角功能一样，触须式传感器的功能是识别接近的物体，用于确认所设定的动作结束，以及根据接触发出回避动作的指令或搜索对象物的存在。

（5）其他原理的接触觉传感器

将集成电路工艺应用到传感器的设计和制造中，使传感器和处理电路一体化，得到大规模或超大规模阵列式触觉传感器。

选择更为合适的敏感材料，主要有导电橡胶、压电材料、光纤等；其他常用敏感材料有半导体应变计，其原理与应变片一样，即应变变形原理；另外还有光学式触觉传感器、电容式阵列触觉传感器等。

导电性合成橡胶一般用作触觉传感器的敏感元件。在压缩状态下，橡胶的体积电阻略有变化，但接触面积和反向接触电阻随外部压力变化很大。敏感元件可以制造得很小，并且在1cm2的区域中有256个触觉敏感元件。传感器布置在接触表面上的传感器阵列中。传感器越多，检测越准确。目前，一种新型的触觉传感器——人工皮肤，实际上是一种超高密度阵列传感器，主要用于表面形状和表面特征的检测。

压电材料是另一类潜在的触觉敏感材料。它的原理是在一定范围内施加的压力与晶体的电阻成正比，这是由于晶体的压电效应。然而，普通晶体的脆性较大，难以制作敏感材料。目前，一种高分子材料具有良好的压电性能、良好的柔韧性、易加工性，有望成为一种新型触觉敏感材料。

3.压力传感器

（1）压力传感器概述

压力感知指的是手指在握住被测物体时的感觉，这实际上是接触感觉的延伸。压力传感器主要是分布式压力传感器，它是通过将散射传感器布置成矩阵格子来设计的。导电橡胶、电感聚合物、加速度计、光电子器件和霍尔元件经常被用作传感器阵列单元。通常有几种压力传感器。

①利用某些材料的压阻效应制成压阻器件，将它们密集配置成阵列，即可检测压力的分布。

②利用压电晶体的压电效应检测外界压力。

③利用半导体压敏器件与信号电路构成集成压敏传感器。

④利用压磁传感器和扫描电路与针式接触觉传感器构成压觉传感器。

对人类来说，气压感是指用手指握住物体的感觉。机器人的气压传感器安装在其夹持器上，它可以检测物体和夹持器之间的压力和力以及物体与夹持器之间的压力分布。检测这些量的最有效的方法是使用压电传感器。

压电元件字面意思是对物质施加压力并产生电信号，即压电现象的元件。对于机械测试，可以使用弹簧。

（2）压电式压电传感器

压电现象的机理是，当施加到显示压电效应的材料时，材料被压缩以产生极化（与压缩量成正比）。如果外部电路连接在两端，电流将流过，因此可以通过检测电流来测量压力。压电元件可以在测量仪器F和加速度a（＝f/m）上测量。通过将加速度输出通过电阻和电容组成的积分电路来获得速度，通过进一步将加速度输出积分得到移动距离，从而可以容易地构造振动传感器。

如果多个压电元件和弹簧以平面的形式布置，则可以识别压力的大小和压力的分布。使用弹簧的平面传感器。由于压力分布可以表示物体的形状，所以它们也可以被用作物体识别传感器。虽然它不是机器人形状，但它也是压电传感器的应用，手被放置在压电导电橡胶板上，通过识别手的形状来识别人体。

通过对压觉的巧妙控制，机器人既能抓取豆腐及蛋等软物体，也能抓取易碎的物体。

（3）弹簧式压觉传感器

这种传感器是对小型线性调整器的改进。在调整器的轴上安装了线性弹簧。一个传感器有10 mm的有效行程。在此范围内，将力的变化转换为遵从胡克定律的长度位移，以便进行检测。在一侧手指上，每个6mm × 8mm的面积分布一个传感器来计算，共排列了28个（四行七排）传感器。左、右两侧总共有56个传感器输出。用四路A-D转换器，高速多路调制器对这些输出进行转换后进入计算机。

4.滑觉传感器

（1）滑觉传感器概述

滑动传感器是一种能够检测垂直压缩方向上的力和位移的传感器。它可以用于监测机器人与抓取物体之间的滑移程度。当用爪抓住水平物体时，爪在物体上施加水平压力。如果压力很小，垂直重力将克服压力并导致物体滑动。可以克服重力的抓取力称为最小保持力。一般来说，机械手抓取物体的方法有两种：抓握和软抓取。

硬抓（无感知）：末端执行器以最大夹紧力抓住工件。软抓取（带有滑动传感器）：端部执行器将夹紧力保持在最小值，可以牢固地抓住工件以避免损坏工件。此时，机器人必须掌握最合适的抓握力来抓握物体。因此，当抓紧力不足时，需要检测物体的滑动，并利用该信号牢牢抓住物体而不损坏物体。

滑动传感器根据被测物体的滑动方向可分为三种类型：非定向、单向和全方位传感器。其中，非定向传感器只能检测滑动是否发生，并且不能区分方向；单向传感器只能检测单向滑动；全方位传感器可以检测到所有方向上的滑动，一般都是这样做的。进入球体以满足需要。

（2）滑差传感器原理

事实上，我们可以使用压力传感器来实现对滑动的感知。当用爪抓住水平物体时，爪在物体上施加水平压力，而重力作用垂直地克服该压力并导致物体滑动。如果物体的运动受到某一表面上的力的限制，也就是说，垂直于表面的力称为阻力 R（例如离心力和向心力垂直于圆周运动的方向，并作用于圆心的方向）。当表面上存在摩擦时，摩擦力 F 作用在物体的切线方向上，阻碍物体的运动，其大小与阻力 R 有关。止物体刚要运动时，假设 μ_0 为静止摩擦系数，则 $F \leqslant \mu_0 R$（$F=\mu_0 R$ 称为最大摩擦力）；设运动摩擦系数为 μ，则运动时，摩擦力 $F=\mu R$。

假设物体的质量为 m，重力加速度为 g，物体看做是处于滑落状态，则手爪的把持力 F 是为了把物体束缚在手爪面上，垂直作用于手爪面的把持力F 相当于阻力 R。当向下的重力 mg 比最大摩擦力 $\mu_0 F$ 大时，物体会滑落。重力$mg=\mu_0 F$ 时的把持力 $F_{min}=mg/\mu_0$ 称为最小把持力。

作为滑觉传感器的例子，可用贴在手爪上的面状压觉传感器检测感知的压觉分布重心之类特定点的移动。

（3）滚轮式滑觉传感器

滚轮打滑传感器由圆柱滚子探头和弹簧板支架组成，当工件滑动时，圆柱滚子探头也转动，发出脉冲信号。脉冲信号的频率反映滑动速度，其数量对应于滑动的距离。

（4）滑冰传感器

滚轮打滑传感器只能检测出一个滑动方向。为此，贝尔格莱德大学在前南斯拉夫开发了一种用于机器人的滚筒式滑动传感器。它由一个金属球和一个触笔组成。金属球的表面被划分成若干相互连接的导电和绝缘单元。针很薄，只能一次接触一次。当工件滑动时，金属球也旋转，并在接触销上输出脉冲信号。脉冲信号的频率反映滑移速度，脉冲信号的数量对应于滑移距离。

接触针的面积小于暴露在球体上的导体的面积。它不仅可以做得很小，而且可以提高检测灵敏度。球与被保持的物体接触，不管滑动方向如何，一旦球旋转，传感器就产生脉冲输出。球体在冲击力作用下不旋转，具有较强的抗干扰能力。

（5）其他滑动传感器

①基于机器人专用滑块传感器的振动，通过检测微小振动的滑移来检测滑移。钢球指针与被抓到的物体接触。如果工件滑动，指针振动，线圈输出信号。

②利用光纤传感器检测形变的光纤式滑觉传感器：当有力作用时，通过弹性元件的变形使发射和接收光纤的端面与发射面之间的距离发生变化，接收光纤所接收到的光强也随之变化。如果得出位移和转角的确定关系，便可得出传感器的输入、输出转换关系。

二、机器人的力觉传感器

1.力觉传感器概述

机器人需要在装配、运输和打磨过程中控制工作力或扭矩。例如，装配需要一系列步骤，如将轴部件插入孔中、调整零件的位置、拧紧螺钉等。在拧紧螺钉的过程中，需要一个确定的紧固力。为了保证磨削质量，必须有合适的砂轮进给力。此外，当机器人保护自身时，还需要检测关节和连杆之间的内力，以防止过载或与周围障碍物碰撞造成的机械臂的损坏。因此，力和力矩传感器被广泛应用于机器人中。

（1）力传感器的作用。

力传感器用于检测机器人自身力与外界环境作用力之间的相互作用力。检测工件是否被夹紧或保持在正确的位置；控制装配、研磨和抛光的质量；在装配过程中提供信息以产生后续的纠正补偿动作，以确保装配质量和速度；防止碰撞、卡住和损坏部分。

力传感器的主要部件包括压电晶体、力敏电阻器和电阻应变片。电阻应变仪是主要的应用元件。利用钢丝拉拔时电阻增大的现象。它附着在力的方向上。电阻应变片可以通过将导线连接到外部电路来测量输出电压，从而获得电阻值的变化。

（2）力觉传感器的分类

般来说，机器人力传感器分为三种类型：关节力传感器、腕力传感器和手指力传感器。

①安装在关节致动器上的力传感器称为关节力传感器。它测量致动器本身的输出力和扭矩，并用于控制运动中的力反馈。

②安装在末端执行器和机器人的最后关节之间的力传感器称为腕力传感器。腕力传感器可以直接测量作用在末端执行器上的力和力矩。

③安装在机器人手指关节上的力传感器称为手指力传感器。它被用来测量夹紧物体的力。

（3）力传感器的特性

这三种机器人的力传感器因其用途不同而具有不同的特性。

①关节力传感器用于测量关节的力（力矩）。信息单一，传感器结构简单。它是一种特殊的力传感器。

②手指力传感器通常具有小的测量范围，并且受夹持器的尺寸和重量的限制。手指力传感器需要结构紧凑。它也是一种特殊的力传感器。

③腕力传感器是一种结构比较复杂的传感器。它可以在抓取器的三个方向上获得力（扭矩），并且具有大量的信息。此外，由于在末端执行器和机械臂之间的安装位置，容易形成通用产品系列。

2.力传感器工作原理

力和力矩传感器有很多种，如电阻应变式、压电式、电容式、电感式和各种外力传感器。力或扭矩传感器通过弹性传感器将力或扭矩转换成位移或变形，然后将位移或变形转换成可通过它们各自的敏感介质输出的电信号。

当应变片的电阻丝受到拉力F作用时，将产生应力 σ，使得电阻丝伸长，横截面积相应减小，因此，引起电阻值相对变化量随之变化：

$$\Delta R/R=(1+2\mu)\varepsilon=1+2\mu/E\sigma$$

式中，μ 为电阻丝材料的泊松比；ε 为电阻丝材料的应变；σ 为弹性材料受到的应力；E 为弹性材料的弹性模量。

电阻应变片用导线接到惠斯顿测量电路上，可根据输出电压，算出电阻值的变化。在不加力的状态下，电桥上的4个电阻的电阻值 R 相同；RL 上的输出 $U_0=0$。在受力的状态下，假设电阻应变片风被拉伸，电阻应变片的电阻增加 ΔR，此时电桥输出电压 $U_0\neq 0$，其值为：

$$U_0=U(R_2/R_1+\Delta R_1+R_{2-}R_4/R_3+R_4)$$

由于$\Delta R_1<<R_1$，并带入式（6-4）将可得到：

$$U_0=U/4\Delta R_1/R_1=U/41+2\mu/E\sigma$$

可见，测得了电桥的输出电压，就能测得电阻值的微小变化，而其微小变化是与其所受的应力成正比的。

上面所计算的电阻应变计仅仅是一个轴力。如果力在任何方向上，电阻应变片可以分别固定在三轴上。

3.分布式传感器

对于力控制机器人，当检测到来自外界的力时，传感器的安装位置和结构将根据力的位置和力而不同。

例如，当我们想要检测来自各个方向的接触时，我们需要使用传感器来覆盖所有的表面。此时，分布式传感器的使用，布置了许多微小的传感器，用来检测在大范围内发生的物理量的变化，这种传感器的组成，称为分布式传感器。

虽然还没有完全覆盖的分布式传感器，但已经开发了小型分布式传感器，以适应重要的部件，如手指和手掌。由于分布式传感器是许多传感器的集合体，在输出信号的采集和数据处理中需要特殊的信号处理技术。

4.腕力传感器

力传感器技术已广泛应用于手腕。六轴传感器可以检测三个维度中的所有扭矩。扭矩是作用在旋转物体上的力，也称为旋转力。当表示三维空间时，使用三个轴以直角相交坐标系。在这个三维空间中，力可以使物体直线运动，而扭矩可以使物体旋转。力可以沿着三个轴分解成部件，扭矩也可以分解成三个轴左右的部件，六轴传感器是一种检测所有这些力和扭矩的传感器。

机器人腕力传感器测量力（扭矩）在三个方向上。腕力传感器不仅是载体，而且是传递力的纽带，腕力传感器的结构一般是弹性结构梁。通过测量弹性体的变形，可以得到三个方向上的力（力矩）。

（1）SRI六维腕力传感器

SRI（Stanford Research Institute，斯坦福研究院）研制的六维腕力传感器。它由一只直径为75mm的铝管铣削而成，具有8个窄长的弹性梁，每一个梁的颈部开有小槽以使颈部只传递力，转矩作用很小。

因为机器人的每个构件都是通过关节连接在一起的，并且每个构件在移动时一起移动，所以单个构件的力条件非常复杂。但是，根据刚体力学，刚体上任意点的力可以表示为三坐标轴的分量和笛卡尔坐标系中三轴附近的力矩。通过测量这三种力和扭矩，可以计算合力。

（2）Draper六维腕力传感器

Draper实验室研制的六维腕力传感器的结构。它将一个整体金属环，按

120°周向分布铣成三根细梁。其上部圆环上有螺孔与手臂相连，下部圆环上的螺孔与手爪连接，传感器的测量电路置于空心的弹性构架体内。该传感器结构比较简单，灵敏度较高，但六维力（转矩）的获得需要解耦运算，传感器的抗过载能力较差，容易受损。

（3）JPL实验室腕力传感器

日本大同制衡实验室开发的腕力传感器。它是一个整体的辐条结构，传感器在十字和凸缘的连接处有一个柔性连接，从而简化了弹性体的力模型（可以简化为力分析中的悬臂梁）。将32个应变计连接到四个横梁上，形成八个全桥输出，并且必须通过解耦计算获得六维力。通常，该传感器将十字主杆与臂之间的连接部分设计成弹性体变形极限的形式，可以有效地起到过载保护的作用，是一种更实用的结构。

（4）非径向三梁中心对称结构腕力传感器

具有非径向三梁中心对称结构的腕力传感器。传感器的内环和外圈分别固定在机器人的臂和爪上，力沿着与内环相切的三个光束传递。每个梁用一对应变仪连接，从而将六对应变仪连接到三个非径向梁上，并分别形成六组桥梁。通过解耦六组桥梁的信号，可以得到六维力（转矩）的精确解。力传感器结构具有良好的刚度。

因为传感器的安装位置只有当它靠近操作物体时才合适，它没有设置在肩和肘上，而是在手腕上。其原因在于，当传感器和操作对象之间增加冗余机构时，机构的惯性、粘性和弹性将出现在控制环之外，因此在无法控制的机器人的动态特性中会出现残余偏差。*D* 通过反馈。因此，只有小惯性安装在手腕的前端。

三、机器人的距离传感器

1.距离传感器概述

与接近觉传感器不同，距离传感器用于测量较长的距离，它可以探测障碍物和物体表面的形状，并且向系统提供早期信息。常用的测量方法是三角法和测量传输时间法。

（1）三角法测距原理

测量原理：仅在发射器以特定角度发射光线时，接收器才能检测到物体上的光斑，利用发射角的角度可以计算出距离。

三角测量法（Triangulation-based）就是把发射器和接收器按照一定距离安装，然后与被探测的点形成一个三角形的三个顶点，由于发射器和接收器的距离已知，仅在发射器以特定角度发射光线时，接收器才能检测到物体上的光斑，发射角度已知，反射角度也可以被检测到，因此检测点到发射器的距离就可以求出。假设发射角度是90°，距离D为：

$$D=f(L/x)$$

式中，L为发射器和接收器的距离；x为接受波的偏移距离。

由此可见，D是由$1/x$决定的，所以用这个测量法可以测得距离非常近的物体，目前最精确可以到1μm的分辨率。但是由于D同时也是L的函数，要增加测量距离就必须增大L值，所以不能探测远距离物体。但是如果将红外传感器和超声波传感器同时应用于机器人，就能提供全范围的探测，超声波传感器的盲区正好可以由红外传感器来弥补。

（2）测量传输时间法

信号传输距离包括发射器到目标和从目标到接收器两个部分。传感器与物体之间的距离是信号行进距离的一半。知道传播速度，可以通过测量信号的返回时间来计算距离。

2.超声波测距传感器

由于介质中的方向性强、能量消耗慢、传播距离长等特点，超声波可以用来测量距离，如超声波测距仪和测距仪等。超声波检测往往更快速、方便、计算简单，易于实现实时控制，并且测量精度能够满足工业实践的要求，因此在移动机器人的开发中得到了广泛的应用。

超声波测距传感器由发射机和接收机组成，几乎所有的超声波测距传感器发射机和接收机都是由压电效应制成的。发送器是基于当施加电场施加到压电晶体时晶片将产生应变（逆压电效应）的原理；接收器基于这样的原理：当外力施加到晶片上使其变形时，电荷（PoC）。如果施加应变方向，将产生相当于晶体两侧应变的压电压电效应。相反，电荷的极性是相反的。

超声波距离传感器的检测方式有脉冲回波式和频率调制连续波式两种。

（1）脉冲回波式测量

脉冲回波式又叫做时间差测距法。在脉冲回波式测量中，先将超声波用脉冲调制后向某一方向发射，根据经被测物体反射回来的回波延迟时间Δt，计算出被测物体的距离R，假设空气中的声速为v，则被测物与传感器间的距离R为：

$$R = v.\Delta t/2$$

（2）频率调制连续波式

频率调制连续波式（FW-CW）是采用连续波对超声波信号进行调制，将由被测物体反射延迟 Δf 时间后得到的接收波信号与发射波信号相乘，仅取出其中的低频信号就可以得到与距离 R 成正比的差频 fr 信号，设调制信号的频率为 fm，调制频率的带宽为Δf则可求得被测物体的距离 R 为：

$$R = fxv/4fm\Delta f$$

3.红外距离传感器

红外距离传感器是用红外线为介质的测量系统，按照功能可分成如下五类：

（1）辐射计，用于辐射和光谱测量；

（2）搜索和跟踪系统，用于搜索和跟踪红外目标，确定其空间位置并对它的运动进行跟踪；

（3）热成像系统，可产生整个目标红外辐射的分布图像；

（4）红外测距和通信系统；

（5）混合系统，是指以上各类系统中的两个或者多个的组合。

根据检测机理，可分为光子探测器和热探测器。红外传感技术已被广泛应用于现代科学技术、国防和工农业领域。红外测距原理是以红外光为基础的。通过直接延迟时间测量、间接振幅调制和三角测量来测量物体的距离。

红外距离传感器具有一对用于发射和接收红外信号的二极管。红外距离传感器发射一束红外光，并在照射物体后形成反射过程。红外测距传感器将信号反射到传感器并接收信号。计算物体间的距离。它不仅可用于自然表面，而且可用于添加反射板、测量距离，具有较高的频率响应，能适应恶劣的工业环境。

4.激光测距传感器

激光测距传感器以激光二极管为目标发射激光脉冲。在被目标反射后，激光向所有方向散射，部分散射光返回到传感器的接收器。在光学系统接收之后，它被成像在雪崩光电二极管上。雪崩光电二极管是一种具有内部放大功能的光学传感器，可以检测微弱的光信号。目标距离可以通过记录和处理从光脉冲到接收到返回的时间的时间来确定。

激光传感器必须非常精确地测量传输时间，因为光的速度太快，大约3×108 m/s，以达到1毫米的分辨率，测距传感器的电子电路必须能够区分以下极短的时间：

$$0.001\ \text{m}/(3\times108\text{m/s})=3\text{ps}$$

要分辨出3ps的时间，这是对电子技术提出的过高要求，实现起来造价太高。但是如今的激光传感器巧妙地避开了这一障碍，利用一种简单的统计学原理，即平均法即实现了1mm的分辨率，并且能保证响应速度。

远距离激光距离传感器在工作时向目标射出一束很细的激光，由光电元件接收目标反射的激光束，计时器测定激光束从发射到接收的时间，计算出从观测者到目标的距离。

四、机器人的听觉传感器

用人类语言指挥机器人比使用键盘来指挥机器人更方便。机器人探测人类发出的各种声音并执行命令。如果声音处于危险状态，机器人也必须避免这种行为。

听觉也是机器人重要的感觉器官之一。机器人听觉系统中的听觉传感器的基本形状与麦克风的基本相同，并且该领域的技术非常成熟。在过去，基于各种原理的麦克风已经成为紧凑、廉价和高性能驻极体电容传声器。

1.语音识别技术

随着计算机技术和语音技术的发展，部分人耳部分被机器取代。机器人不仅可以通过语音处理和识别技术识别说话人，而且可以正确理解一些简单的句子。

在听觉系统中，语音识别和语音识别技术是语音识别的关键问题。它属于图像识别领域的模式识别领域，模式识别技术是最终实现人工智能的主要手段。语音识别系统有三个基本单元：特征提取、模式匹配和参考模式库。

第一步是根据识别系统的类型选择一种识别方法，并利用语音分析方法来分析该识别方法所需的语音特征参数。这些参数被机器存储为标准模式以形成参考模式库。

第二步是语音识别的核心，利用所选择的语音识别方法进行模式匹配。语音识别的核心部分由模型建立、训练和识别三个部分组成。

第三步是后处理，通常是语音到词转换过程，并且可以包括更高级的词汇、句法和语法处理，以及特定任务语法的输入。

2.语音识别方式

语音识别系统可分为：特定人语音识别方式和非特定人语音识别方式。

（1）说话人特定语音识别。

特定人语音识别是将每个单词的特征矩阵存储在预先指定的人的语音中，形成标准模板（或模板），然后进行匹配。它必须首先记住一个或多个语音特征，并且被指定的人的内容也必须是有限数量的预定句子。

语音识别率高。为了存储标准语音波形和选择语音波形，需要适当地分割输入语音波形频带，并在每个采样周期中提取每个频带的语音特征能量。语音识别系统可以识别说话者是否是预先指定的人和所说的句子。

（2）独立于说话人的语音识别。

人独立语音识别大致可分为语言识别系统、单词识别系统和数字语音（0—9）识别系统。

独立于说话人的语音识别方法需要训练一组有代表性的说话人来找出相同的单词和声音的相似之处。这种训练往往是开放式的，可以对系统进行不断的修正。当系统工作时，用相同的方法计算接收到的声音信号，然后与标准模式进行比较，以查看哪个模板是相同的或相似的，以便识别信号的含义。

3.语音分析与特征提取

语音波形的选择方法很多，但由于说话人的语音速度并不总是一致的，因此有必要在与标准语音波形匹配时根据时间轴展开或压缩输入语音数据。这个操作可以计算波形之间的距离（表示相似度）。实现（DP）（动态规划）匹配是语音识别的基本方法。从与标准语音波形比较的结果中选择波形之间的最小距离作为识别结果。

在这个过程中，需要大量的数据操作。随着大规模集成电路（LSI）技术的发展，几乎所有的语音识别电路都由一个或多个专用LSI组成。为了更快速、准确地识别连续语音，在硬件上采用了能够实现高速数字信号处理的DSP（数字信号处理器）芯片，在软件上改进了匹配算法，并采用了其他语音识别方法。

第四章 机器人信息的接收

目前，工厂实际应用的工业机器人大部分都以“示教-再现”的工作方式运行。这种工作方式是开环工作，缺乏对外部信息的了解，而引进计算机视觉系统，通过获取外部环境的图像信息并进行分析处理，可实现机器人对点位的自动定位和跟踪。进入20世纪80年代以后，随着计算机技术的飞速发展，视觉系统已进入到各个领域，其中机器人视觉系统是应用最多的。

第一节 机器人的视觉技术

机械视觉技术的引进使得工业用机器人向智能化和灵活的方向发展，从而节约了成本，提高了生产效率。海外已对基于视觉技术的工业机器人进行多年研究，视觉技术也渐渐从实验室走向实用化，并已广泛应用于电子、宇宙、汽车等工业领域。

常见的机器人视觉分类系统。以聚合型机器人和康耐视型智能相机为基础，基于视觉定位技术构建机器人分周系统。那个工作的过程中，各种各样的种类的正灰物块気筒通过随机的分散，在传送带运送程序视野内剩下的判断是否分拣物块的，物的块状，相机的视野区域内的运行时为止，机器人控制系统采用等间隔的触发方式触发相机拍摄下来，分拣采集对象的位姿态信息的计算机通过一定的处理算法对实验物块的认识，计算分拣坐标分类对象的信息和情报，旋转的角度后，一定的数据形式的机器人控制系统，根据机器人控制系统，视觉传达系统发送的信息，控制机器人的末端执行机构是适当的动作领域内进行跟踪及轻型动作，不同种类的实验物块分别部署到特定的位置。如果托盘上的物体数量达到了设定值，则气筒再次打开并重复该过程。

从这个例子中可以看出，通过采用视觉筛选系统，不仅可以提高生产率，还可以降低人工操作的强度。视觉，随着传感器技术和计算机图像处理技术的迅速发展，机器视觉技术发展成熟，成为了现代加工制造业不可缺少的核心技术，广泛的食品制造、制药、化学、建材、电子、包装、汽车制造行业等各种上调对传统设备制造的竞争力和企业的现代化生产管理的水平是越来越重要的作用。

一、机器视觉技术及其发展

机械视觉技术是在计算机视觉理论的具体问题上的应用。David Marr在20世纪70年代提出了视觉计算理论。该理论概括了当时的解剖学、心理学、生理学、神经学等成果，揭示了视觉研究系统。计算机视觉基于视觉计算理论为视觉研究提供统一的理论框架。现实中的视觉问题总是具体的，包含了丰富的事前知识，所以运用计算机的视觉理论来解决具体的实际问题产生了机器的视觉。

机器人视觉，或者广义称为机器视觉，通过在机械进行人眼对象的识别、判断和测量，主要研究用计算机模拟人的视觉的功能。机器视觉技术涉及对象的图像捕获技术、图像信息处理技术以及对对象的测量和识别技术。机器视觉系统主要包括视觉感知单元、图像信息处理单元、识别单元、结果显示单元和视觉系统控制单元。视觉感知部件获得要测量的图像信息，并且将该图像信息传送到图像信息处理和识别部件。图像信息处理，图像的阶分布、亮度、颜色等信息，对识别手段的各种运算处理，其中从关注被摄体相关的特征提取，该对象物的测定，进行判定，ng，视觉识别系统控制手段提供处理。视觉系统控制单元通过根据辨别结果控制现场设备来实现与被观察主体相对应的控制操作。

典型的机器视觉系统，光源照明技术，光学成像技术、传感器技术、数字图像处理技术、模拟及数字影像技术、机械工程技术、控制技术、计算机硬件技术及名机接口技术等在内的多个领域的技术交叉融合的。

1980年代以来，机器视觉技术总是活跃的研究领域经历了实验室的实际应用的发展阶段，从简单的二值图像处理、高分辨率、多灰度图像处理彩色图像处理，甚至是普通的二维信息的处理从三维的视觉模型和算法的研究中，也表现出了很大的进展。您的位置：问题知道> >机械视觉技术在工业产品检测、自动化设备、机器人视觉导航系统、虚拟现实及无人驾驶等多个领域智能监控系统中已经广泛应用。

二、机器视觉技术应用

机器视觉技术被广泛应用的各种需要，生产活动和人类视觉视觉的场合几乎所有机械的应用，特别是很多不能人类视觉感知的情况，例如精密定量探测，高速检查判定，危险场景感知和看不见的物体感知等场合，比机器视觉技术的优越性表现出无可奉告。有视觉检测、视觉指南、移动机器人视觉导航三种类型的机械视觉技术应用。

（一）视觉检验

视觉检查是机械视觉应用的最主要领域，即代替人眼检查，在视觉系统中进行产品检查，主要检查是否齐全，检查零件是否齐全；②检测形状，检测部件的几何尺寸，形状和位置；③缺陷检查要对零部件破裂、伤痕、表面粗糙度等进行检查。视觉检查是一种非接触的自动检查方法，能实现零件的100%的在线检查，比人工检验精度高，速度快，可靠性高的拍面广泛，例如之外所以微型工业ic芯片的检查和印刷电路板的检查，在汽车工业零部件的检查和标记的食品、药品检验等。

（二）视觉导引

视觉导航视觉应用的发展，目前，机械最快的一个领域，主要是：①机器人组装，运输和分类，该视觉系统的任务是，一组零件一个一个的尝试，并确定了其二维和三维的位置和方向，人手指甲准确飞所需的机器零件的诱导，放入指定的位置，完成的分类，搬运和装配任务。仅这些部件，也可以放在工作台上，移动的生产线上，也可以放在更困难的事情，纸箱中也可以任意堆放。在这种情况下，部件的位置、方向是任意的，因此可以相互重叠或隐藏。②适应机器人的控制是机器人视觉系统反馈控制环路内的感应元件，而且连续实时动作是有必要的。比如，电弧焊接机器人在视觉系统上实时监视焊条的位置和方向，控制焊条的移动。视觉系中还检测出了焊锡幅度及溶池的其他参数为基础，焊锡枪的移动速度和距离，电流的大小，实时调整适应控制实现。

（三）移动机器人视觉导航

利用移动机器人视觉系统外部环境的三维信息，提供机器人自主计划其行驶路径，回避障碍，安全到达目的地，可以执行任务，也越来越被重视的应用领域。

三、机器视觉系统结构

机器视觉系统包括获取图像信息的图像测量子系统和确定分类和跟踪目标的控制子系统。图像测量子系统分为两部分：图像采集和图像处理。用于观察微电池的图像测量子系统，摄像机，摄像系统和显微镜图像摄像系统，用于检测地球表面的卫星多光谱扫描成像系统，工业生产线上的工业机器人监控视觉系统以及医疗层等光源装置。成像系统（CT）等分析图像测量子系统使用的光学带包括可见光，红外光，X射线，微波和超声波。由图像测量子系统获得的图像可以是文本，诸如照片的静止图像，或诸如视频图像的运动图像，或二维或三维图像。图像处理是使用数字计算机或其他高速，大规模集成数字硬件设备来数字地计算和处理从图像测量子系统获得的信息以实现期望的结果。判断分类/跟踪目标的控制系统主要由对象驱动/执行机构组成，并基于图像信息处理的结果，如控制产品NG类型的在线视觉监控系统或自动视觉跟踪目标动态视觉测量系统。它根据它执行判断控制。实时跟踪控制，机器人视觉模式控制等。

目前市场上的机器视觉系统由两种类型构成。嵌入式机器视觉系统和基于计算机的机器视觉系统。机械视觉系统是一种传统的计算机结构类型，硬件包括CCD相机、视觉采集卡和计算机等，缺点是价格高，工业环境适应能力差。需要嵌入式机器视觉系统的部分的硬件（如ccd、内存、处理器和通信接口等）是一个“围栏”式的压缩模块，智能相机，其优点是紧身，高性价比，很容易使用，对环境的适应，是机器视觉系统的发展趋势。

在机器视觉系统中，好的光源和照明方案往往是整个系统的成败的关键。光源和照明方案之间的协调必须尽可能突出物体特征量，以在增强图像对比度的同时确保足够的整体亮度。物体位置的变化不能影响图像质量。光源的选择必须符合所需的几何形状、照明亮度、一次等、发光的光谱特性等，并且还必须考虑光源的发光效率和使用寿命。照明系统必须充分考虑诸如光源和光学透镜的相对位置、物体表面纹理、物体几何形状和背景等要素。

相机和图像获取卡同时完成目标图像的收集和数字化是整个系统是否成功的又一关键。高质量图像信息是系统正确判断和决定的基础。在机器的视觉系统中，CCD相机在小、可靠性、高精细性这一点上被广泛使用。

计算机技术、微型电子技术及大规模集成电路技术的迅速发展，为了提高系统的实时性，专用的图像信号处理卡等硬件通过几个成熟的图像处理算法可以完成的，软件，是复杂不断被探索，改善了算法完成。

第二节 机器人的图像获取

为得到一个实际的物体图像，第一步是用一适当的照明装置照射该物体，然后通过光学系统将该物体成像在视觉传感器上，传感器输出的模拟视频信号经数字化形成一幅数字图像，并存入帧存储器中，以便供计算机或专用硬件构成的视觉处理器进一步处理和分析。

一、镜头技术

镜头被构造为会聚并且成像单元可以获得清晰的图像。镜头包括光学系统和机械设备，并且决定拍摄场景的放大程度和分辨率。根据焦距的大小，将镜头分成长焦透镜、标准透镜、广角透镜的头等。机器视觉行业通常将镜头分为宏镜头（macro lens）、定倍镜头（fixed-mag lens）、变焦镜头（zoom lens）、远心镜头（telecentric lens）、高精度或百万像素镜头（high resolution or million pixels lens）等。如FANUC 2D视觉功能中，使用的镜头型号为SONY XC-56，该款镜头是定焦镜头。也就是说，焦距是固定的，有8mm、12mm、16mm等型号，像素一般为30万像素。

一般的镜头和人眼一样，为了视角看物体也会有“远近小”的现象。在这种镜头被用在测量系统中的情况下，由于距离总是变化，像的高度也发生变化，因此，所测定的物体的尺寸也发生变化，即，会产生测量误差。另一方面，即使距离固定，敏感面也不能高精度地在图像平面上调整，从而产生测定误差。在实际视觉检查系统中，经常选择对象的远距镜头。由于镜头的景深大，焦点距离被固定，并且可以获得平行光输出，因此失真减小，并且检测精度高。

光学镜头目前有监控级和工业级两种，监控级镜头主要适用于对图像质量要求不高、价格较低的应用场合；工业级镜头由于图像质量好、畸变小、价格高，主要应用于工业零件检测和科学研究等应用场合。视场角和焦距是光学镜头最重要的技术参数，滤光镜的使用也是镜头技术的重要组成部分。

二、视觉传感器与摄像机

视觉传感器是将景物的光信号转换成电信号的器件。大多数机器视觉都不必通过胶卷等媒介物，而是直接把景物摄入，即将视觉传感器所接收到的光学图像转换为计算机所能处理的电信号。通过对视觉传感器所获得的图像信号进行处理，即得出被测对象的特征量，如面积、长度和位置。

视觉传感器具有从一整幅图像中捕获数以千计的像素的功能。图像的清晰和细腻程度通常用分辨率来衡量，以像素数量表示。在捕获图像之后，视觉传感器将其与内存中存储的基准图像进行比较，以做出分析与判断。

目前，典型的光电转换器件主要有CCD图像传感器和CMOS图像传感器等固体视觉传感器。固体视觉传感器又可以分为一维线性传感器和二维线性传感器，二维线性传感器所捕获图像的分辨率可达4000像素以上。固体视觉传感器具有体积小、重量轻等优点，因此应用日趋广泛。

（一）CCD图像传感器

CCD图像传感器是目前机器视觉系统最为常用的图像传感器。它集光电转换及电荷存储、电荷转移、信号读取功能于一体，是典型的固体成像器件。它存储由光或电激励产生的信号电荷，当对它施加特定时序的脉冲时，其存储的信号电荷便能在CCD图像传感器内定向传输。

CCD图像传感器内部P型硅衬底上有一层SiO2绝缘层，其上排列着多个金属电极。在金属电极上加正电压，电极下面产生势阱，势阱的深度随电压变化。如果依次改变在电极上的电压，则势阱随着电压的变化而移动，于是注入势阱中的电荷发生转移。通过电荷的依次转移，将多个像素的信息分时、顺序地取出来。在CCD图像传感器中，电荷全部被转移到输出端，由一个放大器进行电压转变，形成电信号，然后被读取。传输电荷时，电荷是从不同的垂直传送寄存器中被传到水平传送寄存器中的，会有不同电压的电荷，这会产生更大的功耗。由于信号通过一个放大器进行放大，产生的噪声较小。同摄像管相比，CCD图像传感器具有尺寸小，工作电压低（直流电压7～9V），使用寿命长，坚固、耐冲击，信息处理容易和在弱光下灵敏度高等特点，广泛应用于工业检测和机器人视觉系统。CCD图像传感器主要有线型CCD图像传感器和面型CCD图像传感器两种类型。例如，基恩士公司的CV-5000系列视觉系统，其作为面型CCD相机专用的高速型号，最多可使用4个500万像素的CCD，并同时传输图像，因而最多可实现2000万像素的高精度检测。

典型的CCD摄像机由光学镜头、视频处理电路、A/D转换电路和I/O接口组成。被摄物体反射光线，传播到光学镜头，经光学镜头聚焦到CCD芯片上，CCD芯片根据光的强弱聚集相应的电荷，经周期放电，产生表示一幅幅画面的电信号，经过视频处理电路、A/D转换电路处理，通过I/O接口输出标准的复合视频信号。

（二）CMOS传感器

CMOS是指互补性氧化金属半导体。CMOS传感器由集成在一块芯片上的光敏元阵列、图像信号放大器、信号读取电路、A/D转换电路、图像信号处理器及控制器构成。它具有局部像素的编程随机访问功能。目前，CMOS图像传感器以其良好的集成性、低功耗、宽动态范围和输出图像几乎无拖影等特点而得到广泛应用。CMOS的每个像素点有一个放大器，而且信号是直接在最原始的时候转换，读取更加方便。其传输的是已经过转换的电压，所以所需的电压和功率更低。但是由于每个信号都有一个放大器，产生的噪声比较大。例如，基恩士公司的LR-ZH系列视觉系统，内部有放大器内置型CMOS激光传感器，其检测距离为35～500 mm，响应时间最低仅有1.5 ms。

（三）摄像机

摄像机是获取图像的前端采集设备，它以面阵CCD或CMOS图像传感器为核心部件，外加同步信号产生电路、视频信号处理电路及电源等组合而成。它是机器视觉系统中不可或缺的重要组成部分。摄像机采集图像质量的好坏直接影响后期图像处理的速度与效果。

三、光源

光源是机器视觉系统中的关键组成部分，在机器视觉系统中十分重要。光源的主要功能是以合适的方式将光线投射到待测物体上，突出待测特征部分对比度。好的光源能够改善整个系统的分辨率，减轻后续图像处理的压力。不合适的光源，会给机器视觉系统带来很多麻烦，如摄像机的花点和过度曝光会隐藏很多重要信息；阴影会引起边缘的误检；信噪比的降低以及不均匀的照明会增加图像处理阈值选择的困难。机器人中使用的光源有环形光源、条形光源和线形光源等。东冠科技旗下的RIN环形光源系列将高密度LED阵列置于伞状的结构中，在照明光源中央区域产生集中的强光，有白色、红色、蓝色、绿色等选择，并可选模拟或数字控制器。

根据不同的视觉应用环境可设计专用的光照系统，包括选择合适的光源和照射方式。大多数情况下采用可见光光源；对于一些特殊场合，也可采用非可见光光源，如某些视觉检验系统采用X光或红外、紫外光，许多三维视觉系统采用激光、超声等。按照射方式的不同，光源可分为以下四种。

（一）背光源

物体位于光源及摄像机之间，这时物体和背景之间可产生强反差。通过背光源照射待测物体，相对摄像机形成不透明物体的阴影或观察透明物体的内部，使待测物透光与不透光部分边缘清晰，为图像边缘提取奠定基础。由于背光源能充分突出待测物体的轮廓信息，所以它主要应用于被测对象的轮廓检测、透明体的污点缺陷检测、液晶文字检查、小型电子元件尺寸和外形检测、轴承外观和尺寸检查、半导体引线框外观和尺寸检查等。

（二）前光源

前光源是指放置在待测物前方的光源。这种光照方式称为“前光式照明”，这时可以得到物体表面的灰度、纹理等特征。前光式照明主要应用于检测反光与不平整表面，如检测IC芯片上的印刷字符、电路板元件、焊点、橡胶类制品、封盖标记、包装袋标记、封盖内部以及底部的脏污等。

（三）结构光

用具有特定模式（点、线或网格）的光源，即结构光照射物体时，由于物体的形状不同，在成像时会发生相应的畸变，因此通过对该畸变的分析可计算物体的三维形状信息。

（四）闪光

对于运动物体利用闪光灯照射可消除物体运动引起的图像模糊，通常应保证闪光与摄像机同步。

第三节　机器人的视觉处理

如何从视觉传感器输出的原始图像中得到景物的精确三维几何描述和定量的确定景物中物体的特性，是非常困难的问题，也是目前计算机视觉，或称图像理解的主要研究课题。图像处理就是将图像转换为一个数字矩阵存放在计算机中，并采用一定的算法对其进行处理。图像处理的基础是数学，最主要的任务就是各种算法的设计和实现。对于完成某一特定任务的所用的机器视觉来说，只需要抽取为完成该任务所需的必要信息，这就需要采用一定的视觉处理方法。

视觉处理通常包括预处理、分割、特征抽取和识别4个模块。

预处理是视觉处理的第一步，其任务是对输入图像进行加工，消除原始图像中的噪声等无用信息（去噪），改进图像的质量（灰度变换），增强有用信息的可检测性（锐化），为以后的处理创造条件。为了给出物体的属性和位置描述，必须先将物体从其背景中分离出来，因此对预处理后的图像首先要进行分割，就是把代表物体的那一部分像素集合（区域）抽取出来，一旦这一区域抽取出来以后，就要测量它的各种特性，包括颜色、纹理，尤其重要的是它的几何特征，这些特征就构成了识别某一物体和确定它的位置和方向的基础。物体识别主要基于图像匹配，即根据物体的模板、特征或关系结构与视觉处理的结果进行匹配比较，以确认该图像中包含的物体属性，给出有关的描述，输出给机器人控制器完成相应的动作。

一、预处理

由光学系统生成的图像，包含各种各样的随机噪声和畸变，为了提高机器人的视觉功能，增强机器人的分析和识别能力，以便做出正确的行动规划，需要对原始图像中的噪声、畸变给以去除和修正。这种突出有用信息、抑制无用信息和改善图像质量的处理技术，称为图像的预处理。图像预处理技术包括图像对比度的增强、随机噪声的去除、边缘特征的加强、伪彩色处理等处理技术。

在预处理中，输入和输出都是图像，只是经预处理后，输出图像的质量得到一定程度的改善，可达到改善图像的视觉效果，更便于计算机（机器人）对图像分析、处理、理解和识别等处理的目的。

二、分割

通过将像素归入性质相似的一些类别，将图像划分成若干有意义的子集（区域），从而把感兴趣的物体从图像的其他部分或背景中分离出来，这一过程称为分割。分割是视觉处理最关键的一个步骤，分割的好坏直接关系到物体识别和图像解释的成败。分割问题的提出是由于一类图像或景物的处理，如图像的压缩或增强，输入是一幅图像，输出也是一幅图像；而另一类图像处理所涉及的问题是对图像或景物的分析。要对图像或景物进行描述，必须把图像或景物分成若干特定的部分，因此产生了分割技术。

分割有许多种方法，它们各自基于不同的图像模型，利用不同的特征，各自有一定的适用范围，没有唯一的、标准的、普遍适用的方法。通常可把分割方法归纳为基于边缘检测法和基于区域增长法。前者是基于不连续原理检测出物体的边缘，将图像或景物分成不同的区域，该方法通常也称为基于点相关的分割技术；而后者是基于相似性原理，将具有同一灰度级或相同组织结构的像素聚集在一起，形成图像或景物中的不同区域，该方法通常称为基于区域相关的分割技术。

三、特征抽取

一旦分割完成后，图像中的各个区域代表了景物中有意义的物体，为了进一步识别它们，首先要对各区域的特性进行测量和分析，这些特性包含了几何特征、亮度、纹理和颜色等。研究表明，形状是视觉感知最重要的一个特征，人们识别一个物体首先想到的是它的形状。因此，对于机器视觉系统来说，测量图像中区域的各种几何形状对于识别该区域所代表的物体，决定它们的位置和方向是非常重要的。另外，几何分析还有助于完善区域的分割，例如当两个物体接触或重叠时，初始分割结果可能被当作一个区域，通过几何特征的测定和分析，可以将该区域进一步分割开。

四、识别

视觉处理的最后一个模块是识别，即确定各区域在实际景物中所代表的物体。根据景物及物体本身的复杂程度可采用不同的识别方法，其计算方法可能有很大的区别。基本的方法是利用视觉处理的结果与已知的物体模型进行匹配和比较。如果景物中物体互相区别很明显，则可采用最简单的模板匹配法，这时甚至不用从图像中抽取该物体，而直接在预处理后的图像级进行匹配。更一般的情况是采用特征匹配法，即对区域的特征集合与物体的特征模型进行匹配。如果物体非常复杂，则可将物体分为几部分，分别计算各部分的特征，然后再根据这些部分之间的已知结构关系识别整个物体，这一方法称为结构匹配法。

五、三维信息获取

从更广泛的使用上来说，机器视觉面临更多的是要处理三维景物的问题。机器人本身的工作环境是一个三维空间，机器人操作的对象是一个或多个不同形状的三维物体。与二维视觉相比，三维视觉不仅增加了机器人到物体间距离（深度）信息的测定问题，而且要抓取的三维物体本身的识别也变得非常困难。首先，由于三维物体放置的姿态不同，可能呈现不同的二维形状；其次，由于三维物体的表面方向不同，对同一光照反射可能呈现不同的灰度，甚至可能形成阴影，因此采用二维视觉的处理方法，同一物体可能被分割成许多区域；另外，从任何视点上只能看见物体的一个面，物体还可能互相重叠或部分遮挡，这意味着识别只能依靠不完全的数据来实现。

三维图像的获取，采用的主要方法有从单幅图像中抽取某些线索来推断表面形状的方法以及基于两幅或多幅图像匹配的立体视觉法。这些方法是直接利用自然光得到的图像来获取三维信息，因此成为被动式方法。与此相反，主动式方法是利用可控的、主动发射的光波或声波获取三维信息，包括发射结构光、激光、超声波的三角法和时间法测量距离和深度。

（一）立体视觉法

立体视觉法基于计算机视觉最基本的相机模型，通过不同位置的相机对同一目标拍摄的两幅或多幅图像组成立体像对。在事先标定好相机内外参数的前提下，根据三角测量原理，利用对应点的视差来计算视野范围内的立体信息。

立体视觉直接模拟人类双眼处理景物的方式，能一次获得视野范围内的深度信息，受物体表面反射特性影响小，不接触物体，不需要附加光源，成本较低，且对于立体视觉法原理使用环境要求较宽松，测量范围宽，既可获取小范围的三维信息，也可用于大范围的测量，可靠简便，在许多领域均极具应用价值，如机器人视觉感知系统、物体表面三维坐标测量、系统的位姿检测与控制、导航、航测、三维测量学等。除双目立体视觉外，现在还发展了三目甚至多目立体视觉系统。

（二）结构光和编码光方法

1.结构光测距

结构光测距是一种既利用图像又利用可控光源的测距技术。结构光从光源的几何形状上说有点状、条状和网状等许多种，可以采用激光或白光。其基本思想是利用照明光源中的几何信息帮助提取景物中的几何信息。例如，利用光平面照射在物体表面产生光条纹，在拍摄的图像中检测出这些条纹，它们的形态和间断性反映了物体表面的形状信息，在经过装置定标后，可以计算出被光照射的点的三维坐标。配合机械扫描运动，可以获得物体表面各点的坐标。

2.编码光方法

编码光方法所用的计算模型与结构光类似，但通过时间、空间、彩色编码的光源帮助来确定物体表面的空间位置。

这种方法的突出优点是可以减少计算的复杂性，扫描速度快，量测精度高，特别适用于室内环境下，物体表面反射情况比较好的场合。这是目前最流行的三维图像获取技术，已有不少商品化的产品问世。

虽然被动式方法不需要外加光源，而且立体视觉的原理类似人的双眼立体视觉机理，因此对于机器视觉研究有重要的意义。但其关键是需要解决两个图像对应点的匹配问题，计算非常复杂且费时，所以目前在机器人视觉中应用仍有许多困难。主动式方法能比较容易地直接得到距离信息，处理方法简单、可靠，特别是针对某些特定的机器人视觉任务，具有较大的应用前景。

第四节　标准视觉模块应用及机器视觉发展趋势

一、标准视觉模块应用

前文已经介绍，机器人视觉技术主要应用在视觉检验、视觉导引、视觉导航方面。本节以典型的视觉导引应用为例讲解机器人视觉技术的应用。视觉导引机器人很大一部分是用于由传送带或货架上取放零件，主要完成零件跟踪和识别任务，

要求的分辨率比视觉检验可以低，一般在零件宽度的1%～2%。最关键的问题是选择合适的照明方式和图像获取方式，以达到零件和背景间足够的对比度，从而可简化后面的视觉处理过程。

一般的主流机器人生产商在其机器人控制器中都有开发好的与视觉系统连接的相应模块，有些生产商的机器人带有自己的视觉模块，例如发那科机器人可选择自己的视觉模块，其封闭性做得非常好。下面以康耐视In-Sight 720Oc智能相机与埃夫特ER7-C10机器人相连接，识别运动的传送带上的物料，引导机器人进行抓取为例，介绍其一般流程。

（1）在机器人控制器编程软件中配置机器人视觉模块与跟踪模块；配置

视觉功能，设置摄像头、通信参数和编码器参数。

（2）在视觉软件中设置视觉设备IP与计算机IP，使双方能够通信。首先设置计算机IP；然后添加视觉设备到网络；最后设置视觉设备的IP。

（3）连接视觉设备到调试计算机。为完成具体的工作任务，要将视觉设备与计算机相连，在视觉调试软件中设定所需工作条件，连接后可查看视觉设备。

（4）设置图像参数。图像拍摄的质量影响视觉识别的效果，要设置光源条件、焦距等。同时设定相机的工作模式，是连续拍摄还是触发拍摄，以及触发拍摄的触发信号等。设置后进行拍摄。

（5）将视觉设备的像素坐标与机器人坐标进行标定计算，转换为机器人能够使用的坐标。视觉设备拍摄所得坐标不能直接应用到机器人控制器中，需要将二者坐标通过同一个标定图进行标定，获得二者坐标的换算关系。

（6）设定视觉设备的采集区域、零件的特征等，视觉设备从设定的采集区域中搜寻所设置的零件，按零件的姿态取得坐标数据，经上一步坐标换算关系，换算为机器人控制器能够使用的坐标。

（7）视觉数据格式化。机器人控制器只能识别使用特定格式的数据，视觉设备换算完成的坐标数据以及零件特征识别数据，要设置成机器人控制器所需的格式。

（8）设定相机与机器人的通信方式，格式化的数据按照确定的通信方式进行发送，如TCP/IP协议。

（9）在机器人控制器中配置所需变量，如速度、视觉坐标偏移等。

（10）将数据发送给机器人控制器。

（11）机器人控制器接收相机数据、编码器数据，结合零件坐标与传送带速度参数，计算得出抓取点，引导机器人进行操作。

二、机器视觉发展趋势

机器视觉是人类视觉的扩展和延伸。随着研究的不断深入，新的描述方式、求解手段的不断探索和创新以及微处理器性能的快速提高，机器视觉的研究必将会迎来一个更加繁荣的时代，机器视觉技术与产品将会被广泛地应用于更为复杂的场合。机器视觉的未来发展趋势主要包含以下几方面。

（一）多传感器信息融合方法研究

在机器视觉研究中，仅仅利用理想环境下获取的静止或瞬时视觉信息作为输入远不能满足认识复杂客观世界的要求。如果能将机器视觉、机器听觉、机器嗅觉、机器触觉等有机地结合起来，将多种信息相互融合，则有可能突破单一视觉信息的局限性。这里的融合不仅包括多传感器融合，还包括系统内部各信息通道的融合、系统模块的融合和各类信息处理方法的融合。

（二）深层初级视觉理论和方法研究

初级视觉是光学成像的逆问题。它研究从二维光强度阵列恢复三维可见表面物理性质的方法，包含一系列复杂的处理过程。因为各过程的输入数据及计算目的都是能够明确描述的，所以人们在这方面已研究了一些专用方法，如边缘检测、立体匹配、由运动恢复结构等。但由于在将三维世界投影成二维图像的过程中损失了很多信息，导致病态问题的产生，因此进一步加强对初级视觉过程及其约束条件的研究十分重要。

（三）主动视觉的研究

主动视觉是指观察者以确定的或不确定的方式运动，或通过转动视线来跟踪目标物体的技术和方法。在主动视觉中，观察者和目标物体也可同时运动。观察者的运动为研究目标的形状、距离和运动提供了附加条件。同时，主动视觉还可以在已知摄像机运动参数时，把一些原来的非线性问题转化成线性问题。

（四）完整三维场景重构

现有三维场景重构理论和算法基本都局限于对目标“可视”部分的重构，如果用Mdrr视觉计算理论来说，还主要停留在2.5维表达上。这种表达仅提供了物体可见轮廓以内的三维信息。如何恢复物体完整表面的信息，即包括物体表面不可见部分，是一个复杂且亟待解决的问题。

（五）视觉并行计算结构研究

视觉本身具有内在的并行性，但要完成视觉并行计算还有许多理论上、算法上和技术上的问题要解决。视觉并行计算结构的一个发展趋势是在越来越大的结构中采用越来越小的处理单元，即实现由许多只能进行几种基本逻辑运算的简单处理单元组成庞大的网络，同时通过设计一些精巧的算法有效地利用并行性，提高视觉计算的速度。

（六）通用视觉信息系统研究

机器视觉研究的一个重要目的是要建成能完成各种视觉任务的通用视觉信息系统。从目前的研究水平和技术水平来看，在短期内建立可以类比于人类视觉系统的机器视觉系统的可能性不大。不过，可以首先针对具体应用建立局部性的专用视觉系统，进而发展到更为完善的一般系统，这是达到上述最终目标的一条途径。

随着加工制造业的发展，对于机器视觉技术与产品的需求将逐渐增多。机器视觉产品将更加丰富，检测技术水平不断提高，基于机器视觉的自动化检测系统将广泛用于生产、生活的各种领域和场合。机器视觉系统将使人们的生产活动朝着更智能、更便捷的方向发展。

第五节 机器视觉应用示例

一、基于视觉传感器的周边设备简化

在工业机器人制造系统中，通常需要将工件按照一定的位置排列整齐，然后再提供给机器人进行作业。工件的定位和排列方法有：①由操作人员事先将工件排列整齐；②借助于专用的定位平台或料库供应（人工完成向平台或料库的码放）；③采用振动供料器将工件排列整齐等。用户根据工件的形状和大小选择适当的方法。

由以上描述可知，为了能让工件定位和排列整齐，实际上每一个工件都需要准备昂贵的定位夹具和周边设备，而这些周边设备的设计、制作、调试、保管所耗费的工时往往是造成使用机器人系统成本过高的重要原因。

当引入视觉系统后，使得机器人能够满足像人手一样从杂乱堆积的料库中直接选取工件进行作业，即满足料库取料。当机器人直接从料库取料时，仅需要料库供料即可，不再需要传送带及装夹设备的使用，可大大简化周边设备的使用，降低使用成本。智能生产系统结构及动作顺序如下所述。

（一）系统结构

智能生产系统结构的概念图。该系统由机器人系统和三维视觉传感系统这两个系统实现料库抓取的软件构成。系统以计算机（内装料库选取控制系统和视觉系统软件）为核心，机器人控制器通过以太网与计算机相连接，机器人手臂末端装有三维视觉传感器。机器人面临的是一个工件散乱堆放的料库，料库上方有一个独立的视觉传感器。下面将三维视觉传感器称为手眼传感器，料库上方独立的称为全局视觉传感器。

（二）动作顺序

料库取料的动作顺序分为三个步骤：全局搜索、特定工件粗测量及精测量。利用全局视觉传感器将装有工件的整个料库拍摄下来，从图像中选取与预先示教的模型相同的工件，再由料库选取控制系统从检测的结果中选定一个工件，并命令手眼传感器移动到该工件附近，进行粗测量。

所谓粗测量，就是用手眼传感器的结构光照射被全局搜索到的特定工件，计算该工件的三维位置和姿态。由于在全局搜索中并未获得工件的姿态信息，因此在粗测量中工件与传感器的位置关系不一定适当，粗测量结果无法满足拾取的精度要求。为了修正粗测量的结果，还需要执行精测量。

如果手眼传感器掌握了工件的大致位置，那么对工件进行三维测量就变得非常简单。利用最后的三维测量即可获得选取工件所需要的精确的三维位置和姿态，至此就取得了机器人抓取工件所需要的位置和姿态信息。

（三）干涉回避和错误自动恢复

执行取出作业时，不仅要利用传感器检测工件的位置和姿态，而且要尽量缩短由错误引起的停车时间。当出现意外错误致使系统停止时，系统需要通过对错误原因的分析，自动消除错误状态，保证系统的运行率。

二、弧焊机器人视觉技术

焊接作为一种机械加工的重要特殊工艺手段，在制造业中具有举足轻重的地位，但传统的手工焊接方法已经不能满足现代高新技术产品制造的要求。因此，保证焊接产品质量的稳定性、提高生产效率、减轻工人的劳动强度和改善劳动环境已经成为现代焊接技术亟待解决的问题。随着先进制造技术的发展，实现焊接产品制造的自动化、柔性化与智能化已经成为必然趋势。但是，如不采用自动跟踪系统，许多零件要求二次加工才能满足自动焊接的要求，从而提高了成本。由于焊接作业的特殊性——焊接变形，许多场合没有焊缝跟踪系统就不能实现自动焊接，为此人们研制了多种焊缝跟踪系统。

焊缝跟踪系统一般指的是弧焊焊缝跟踪系统，由传感器、控制系统和执行机构三部分组成。在焊接过程中首先应该使电弧与焊缝对中，这是保证焊接质量的关键。焊缝自动跟踪系统能够保证在自动焊接生产过程中，当电弧偏离焊缝时，及时而准确地将电弧调整回到焊缝中心位置。目前，国外知名的焊缝跟踪系统有Servo-Robot、Meta、宾采尔等品牌；国内有唐山英莱等品牌。

（一）焊缝跟踪系统概述

随着焊接自动化以及机器人焊接技术的发展，焊缝自动跟踪系统的研制和应用显得越来越重要。焊缝自动跟踪系统一般由传感器、信息处理系统和跟踪执行机构组成。在焊接过程中传感器不断检测有关焊缝中心位置的信息，信息处理机构则对偏差信息进行处理，得出焊缝的中心位置，然后输出控制信号使执行机构产生所需的运动，实现焊缝的实时跟踪。北京创想智控科技有限公司的螺旋管埋弧焊焊缝自动跟踪系统，由激光焊缝跟踪器检测到焊缝的相对位置偏差，实时控制安装在滑台上的焊枪进行位置修正，实现对焊缝的跟踪焊接。

近年来，运用计算机视觉、数字图像处理、模式识别、智能控制等当代高新技术，焊缝跟踪研究已取得了相当大的成就。

焊缝跟踪的实质就是使焊接电弧对准接缝位置从而保证焊接接头成型和焊接质量。它通过传感器检测电弧偏离焊缝的信息，通过自动控制系统和伺服装置调节电弧与焊缝的相对位置，使偏离减小，直到消失。因此，研究一套结构简单、工作可靠、灵敏度高的焊缝跟踪传感器至关重要。到目前为止已研究了多种焊缝跟踪传感器。根据传感器的特性，焊缝跟踪传感器可以分为以下几种类型。

光电式传感器是目前研究最多的一种焊缝自动跟踪传感器。凡是在跟踪信号的获取过程中进行了由光信号到电信号转换的传感器统称为光电式传感器。按照检测的特征分有单光点式传感器和视觉传感器两类。前者以单个或几个光电接收管为检测元件，习惯上称为光学传感器；视觉传感器则以集成光电器件在现场范围内进行扫描检测，它必须要用微机进行信号处理。

根据先进制造技术的发展趋势，结合焊接技术本身的特点，未来对焊缝跟踪系统的要求是：跟踪过程高精确化、现场使用可靠、性能稳定、抗干扰性强、环境适应性强及连续工作时间长等优点。根据这一系列的要求，可以看出，未来焊缝跟踪系统的检测部分将以视觉传感器为主。由于视觉传感器所获得的信息量大，结合计算机视觉和图像处理的最新技术成果，可大大增强焊缝跟踪系统的外部适应能力。

（二）视觉焊缝跟踪系统组成

视觉传感根据是否采用光源可分为主动光视觉与被动光视觉。这里的被动光视觉是指利用弧光或普通光源和摄像机组成的系统，利用CCD摄像机直接获取焊接区的图像。而主动光视觉一般指使用具有特定结构的光源与摄像机组成的视觉传感系统，主要采用一些特殊的照明光源投射到工件表面，CCD摄像机摄取工件表面的图像并进行处理。

被动光视觉大都采用周围的环境光作为光源，对于焊缝跟踪系统而言，主要是采用电弧光作为光源，CCD摄像机直接摄取焊接熔池图像，通过图像处理检测出熔池的中心位置，并将焊接熔池中心位置和焊炬位置的偏差送入控制器，控制执行机构调整偏差，直至偏差消除为止。其优点是检测对象（焊缝中心线）与被控对象（焊炬）在同一位置，不存在检测对象与被控对象的位置差，即时间差的问题。因而更容易实现较为精确的跟踪控制。但其缺陷也显而易见，由于是在极为强烈的弧光下摄取焊接熔池的图像，焊接熔池的弧光对所摄取的图像有很大的影响，图像噪声很大。因此，如何在极为强烈的弧光作用下，获取焊丝（或钨极）端头及熔池等比较清晰的图像，将成为跟踪系统的关键之一。

在实际应用中，采用外加补助光源的方法，即主动光视觉应用更为广泛，主动光视觉采用一些特殊的照明光源，如商钨灯、激光二极管等。商钨灯具有发光效率高、体积小、功率大、寿命长的优点，且成本较低，常用在水下焊接的视觉传感焊缝跟踪系统中。而激光二极管的单色性、方向性和相干性最好，是常采用的外加补助光源。

基于机器视觉焊缝跟踪系统的组成主要包括信息采集处理系统、控制器和驱动装置。信息采集处理系统由信息采集子系统与信息处理子系统组成，完成信息的采集和处理功能。信息采集子系统包括CCD视觉传感器，为减少焊接过程中的弧光干扰，在视觉传感器前安装滤光片。信息处理子系统一般是用户编写的图像处理程序，它最终输出一个电弧与焊缝的偏差信息。

控制器包括软件和硬件，控制器接收从信息采集处理系统输入的偏差信息，经过处理给驱动装置输出一个控制信号，控制焊炬运动，实现焊缝的实时纠偏。驱动装置通常是由驱动器、电动机、机械执行装置等构成，它根据控制器的控制信息完成相应的动作，驱动焊炬对准焊缝进行焊接。

采用视觉传感器图像还可以指定焊接线的起始点、终点，以及路径上的中间点，再利用跟踪系统跟踪焊接线，可自动生成机器人运动程序。在机器人实际运行规划的动作路径之前，还可以事先在监视器上核对路径。

（三）视觉焊缝跟踪存在的问题及解决思路

目前，机器视觉在焊缝跟踪中的应用主要还存在以下几方面的问题。

1.视觉传感系统的复杂性与可靠性

目前使用的视觉传感系统一般都较为复杂，如结构光三维视觉传感系统有激光发生器、CCD摄像机、光学转换机构及机械扫描机构等，在机构装配和光、机、电协同控制上有较高的要求，同时焊接过程中光、电、磁等干扰因素的存在，降低了系统的可靠性。因此，需要研制更为简单化和高可靠性的视觉传感系统。

2.视觉传感系统的实时性与精确性

焊接系统的视觉传感与闭环控制、焊接的路径规划与姿态控制等都要求机器视觉传感与控制具有很强的实时性和很高的控制精度。常用的光学传感器的信息处理频率不超过10 ~ 20Hz，有时很难满足焊接过程实时性的要求，通常不得不牺牲控制精度，为此必须解决视觉传感系统的实时性与精确性的矛盾。

3.视觉传感系统的可控性与智能化

目前对于焊接过程信息的视觉传感与质量控制主要集中于TIG（tungsten inert gas welding），非熔化极惰性气体钨极保护焊），但是焊接过程更多采用的是MIG（metal inert gas welding，溶化极惰性气体保护焊）、MAG（metal active gas arc welding，熔化极活性气体保护电弧焊）及CO2焊接等高效焊接方法。因此，为促进机器视觉传感技术在这些方法中的应用，必须研究并提高视觉系统的可控性与智能性。

第五章　移动机器人远程控制技术

第一节　移动机器人远程控制系统设计

一、总体框架设计

基于ARM的远程控制机器人系统主要分为三个部分：移动机器人、手机端、WIFI。

移动机器人平台主要包括ARM核心板STM32F103ZET6，还有各种传感器、电机驱动、四个电机。WIFI模块和移动机器人绑定在一起。手机端与移动机器人通过WIFI实现两者信息的交互。

本文的整体设计思想从简单到复杂。先设计ARM的最小系统，然后在最小系统的基础上逐渐扩展，直到达到系统的设计要求。

二、嵌入式系统原理及其硬件组成

嵌入式被定义为用于控制、监视或者辅助操作机器和设备的装置。一般而言嵌入式系统主要运用于计算机控制网络，一般理解为嵌入式系统就是携带有控制程序的一个微处理器。它的体积微小，功能强大。在我们日常生活中随处可见，比如：空调、冰箱、汽车、电视等等。我们所见到的绝大多数的嵌入式系统都是单个程序的，但也有包含操作系统的嵌入式系统。应用程序、操作系统、外围硬件设备和微处理器四大部分是嵌入式系统主要组成模块。嵌入式的特点就如上述所说体型小巧但功能强大，成本功耗低但是可靠性高。

嵌入式系统的应用领域非常广泛，囊括了各行各业。比如工业、农业、电子商务、网络控制等。可以说嵌入式在我们的生活中随处可见。小到我们的手机、电话、汽车，大到飞机、智能家电、网络通信、航天航空仪器等。如今的市场，嵌入式系统的使用率占有很大的市场。而随着人们需求的日益提升，其运用也会越来越广泛。

嵌入式芯片的选择依据有很多，包括芯片的体积、功耗、成本、各方面性能，还有芯片的更新速度、兼容性、相关的资料是否全面、芯片的扩展能力。当然最重要还是根据所要设计的系统实现的具体功能和特点而定。

综合考虑上述所说的选择依据，本文采用的嵌入式芯片的型号为STM321F103ZET6。该芯片微控制器为32位，其正常工作温度范围是-40°C~85°C。有512K字节的闪存存储器，64K字节的SRAM，同时支持SRAM、CF卡等扩展。采用LQFP封装形式，一共144引脚，其中包括共有11个定时器、3个ADC、13个通信接口、112个I/O口、3个12位模数转换器等。有三种工作模式分别为：睡眠、停机和待机，三种模式的切换是大大降低芯片的功耗。

一般的嵌入式系统的硬件架构主要包含了最小系统、调试接口、网络接口、外部电源、Flash闪存、SDRAM和扩展接口。

最小系统指微处理器能够运行程序并能完成最简单任务的最小配置系统，所以最小系统是任何一个复杂系统的必要部分。最小系统包括：电源电路、晶振电路、复位电路等，调试测试电路等。

（a）电源电路设计

电源电路是用来给各个模块供电以保证其正常工作。系统供电电源为5V，芯片的引脚的供电电压为3.3V，WIFI模块供电电源为5V，所以需要进行必要的电源转换。

（b）复位电路

我们都知道，如果没有复位电路，控制在上电时的状态是不能被确定的。如果开机状态不好，可能会造成重大的损失。因此需要在微控制器上加个复位电路，该复位电路会把处理器状态初始化成一个可以使其正常运行的状态，这样微控制器在每次上电时都能从那个特定的状态开始工作。这个复位逻辑需要一个信号才能正常工作。

（c）晶振电路

晶振电路的作用就好比是人的心脏对于人的作用一样，就是为系统提供动力。微控制器几乎都是时序电路，这就需要一个时钟脉冲信号才能使其正常工作。一般的微控制器本身都会有个晶体振荡器。但有些特别的场合需要使用外部振荡器提供时钟信号。

（d）JTAG电路

JTAG（Join Test Action Grop）是一种国际标准测试协议。其作用是对系统进行调试仿真以及芯片内部测试。在JTAG内部有专门的测试电路。

三、WIFI模块

WIFI （Wireless Fidelity），是一种专门在办公室和家庭中使用的无线技术。WIFI最初出现在20世纪90年代末，然后在21世纪初就得到了迅猛的发展，到如今已然成为我们身边必不可少的常用设备。自2007年以来，使用的一直是802.11n标准，传输速度从最初的2M提升至150M、300M、450M、600M甚至更高，无线技术正在飞速发展。

（一）WIFI的原理和功能应用

WIFI本质上来说是一种商业认证。传统的上网方式就是将设备直接用一个根网线连接到互联网上。而现在的WIFI这种无线联网技术的功能就是充当网线的功能，就是把有线信号转换成无线信号即无线电波。利用无线电波来连网，只要在颠簸范围内，而移动设备又带有WIFI功能就可以连上互联网。现在市场上几乎所有的电脑、手机都带有WIFI上网功能。无线上网已然取代了有线连网功能。

随着生活水平的提高，WIFI的运用也是越来越广泛。家庭、办公室、休闲区、公共场所也都到处充斥着无线网络，它的应用无处不在。

（二）WIFI的选择与设置

本文使用的WIFI迷你型无线理由器。具体型号为TL-WR702N。外形小巧，非常节省安装空间，可以随意放置。输入电压为5V，适合各种场合。4M的flash和64M的RAM，电流功耗仅仅1.2W左右，内置板载天线，可以随插随用。提供了5种工作模式，满足灵活多变的组网方案，本文只使用到了其中一种。供电方式也是多种多样，TL-WR702N功能实用、性能优越、易于管理并且提供多重安全防护措施。

TL-WR702N的应用模式分为：接入点模式、无线路由模式、中继模式、桥接模式、客户端模式。我们所需要的是桥接模式，该模式下，其主要功能就是扩展WiFi信号的覆盖范围，该模式设置成功后，要重新定义用户名和密码，用来产生出新的WIFI信号。

第二节　基于ARM的移动机器人远程控制

一、系统结构

基于ARM的远程控制系统包括：控制端（手机）、核心板模块、驱动模块、WIFI、摄像头模块、电源模块。其中手机端主要作用是加载APP软件，用来发送命令和接收信息；核心控制板在第二章中已经介绍。WIFI模块和摄像头模块在第三章也作了详细的介绍。

机器人主体上搭载有两块PCB板，一块为ARM核心板，另一块则是驱动板，其作用是用来驱动小车运动。使用四个直流电机，当在直流电机的两极加载相应的电压，电机就能转动，相应的将两个电极的极性相互调换就可以实现反转。

本系统采用的驱动芯片为L298N。该芯片是由ST公司制造，专门用来驱动高电压（最高可达46V）、大电流的电机（最高可达3A）。该芯片采用15脚封装，有两个使能端，芯片内含两个H桥的高电压大电流全桥式驱动器，可以驱动一台步进电机或者两台直流电机。该L298N驱动四路电机，其中两两电机并联。使能端高电平有效。

由于电池盒供电电压比较大，所以需要设计buck电路，产生P5V电压给相应的模块供电，比如：WIFI模块和摄像头模块以及舵机模块等。而核心板的供电则需要使用LM7805稳压器产生稳定5V电压。驱动板上有两个USB接口，一个是P5V给WIFI模块供电，另外一个则是VCC5V给核心ARM板供电。最后将L298N芯片中的控制引脚接到ARM的I/O口，实现电机的转动控制。这些引脚分别是INPUT1、INPUT2、Enable A、Enable B、INPUT3、INPUT4。

二、软件设计

软件设计主要是针对移动机器人的控制软件的设计。也就是对机器人的四个电机的控制，如果不发送命令则移动机器人小车不做任何运动，直到接收到命令时才开始运动。

首先对系统时钟进行设定，设置为72M。首先设定一个宏定义#definne SYSCLK_FREQ_72MHZ 2000000。在主函数里直接调用SystemInit（）函数，SystemInit（）函数里设置一些相关的寄存器，然后就开始调用SetSysClock（）函数。SetSysClock（）函数根据一开始定义的宏定义SYSCLK_FREQ_72MHZ开始调用SetSysClock72（）函数，并把系统时钟定义为72M。

串口的初始化。定义一个带参的函数用来对串口进行出口的初始化设定，参数为波特率的大小。首先定义三个结构体。分别为设置中断的结构体、串口1的初始化结构体、串口对应管交的结构体。对三个结构体进行初始化设置，并将初始化好的结构体放到对应的寄存器中。

中断初始化设置，包括了中断优先级设置、中断设置、打开中断。

```
NVIC_Init Type Def NVIC_Init Structure;
NVIC_Priority Group Config（NVIC_Priority Group_0）;
NVIC_Init Structure.NVIC_IRQ Channel = TIM2_IRQn;
NVIC_Init Structure.NVIC_IRQ Channel Preempti on Priority = 0;
NVIC_Init Structure.NVIC_IRQ Channel Sub Priority =2;
NVIC_Init Structure.NVIC_IRQ ChannelCmd = ENABLE;
NVIC_Init（&NVIC_Init Structure）;
```

以上程序为中断优先级的设置。中断优先级设置完成后设置中断周期为1ms。中断设置完成后，打开中断。

中断初始化之后，设计电机的控制程序。由于需要控制四个电机和两路舵机，所以需要定义三个函数，分别为dianji（）、duoji1（）、duoji2（）。前两个函数用来控制四个电机，后一个函数用来控制两个舵机。然后在主函数中判断该具体执行什么操作。具体程序如下：

```
while（1）
```

```
{
if（mode1==1）
mode1=0;
if（mode［0］==0）
dianji（mode［1］）;
else if（mode［0］==1）
duoji1（mode［1］）;
else if（mode［2］）
duoji2（mode［0］）;
}
}
}
```

其中mode1、mode［0］、mode［1］、mode［2］为定义的变量。mode1用来表示每次接收到指令都必须执行一次。mode［0］、mode［1］、mode［2］分别用区分操作的对象是电机还是两路舵机。具体的电机与舵机控制方式过于复杂，不再详细叙说。

将代码进行编译运行。使用的软件是德国的Keil公司开发的RealView MDK软件。然后便可以将hex文件通过仿真器或串口下载到核心ARM板。最终表明实验结果效果良好。

三、测试结果与分析

利用实验室里的纸盒搭建简单的实验场地，在空白的场地放置障碍物，让移动机器人小车在人为控制下躲避障碍物并进行多组实验。

最终的实验结果表明，移动机器人小车远程控制系统的实际效果达到了预期的效果，画质比较清晰，同时能够同步接收手机端发送的命令，完全可以实现远程控制。

第三节　基于Android的移动机器人图像采集系统设计

远程控制的使用也越来越多元化。机器人的远程控制技术运用于教育、医疗、娱乐、航天、未知探索以及高危险工作等各个领域。而图像采集技术作为机器人远程控制的重要组成部分也得到了迅猛的发展。图像的采集是很复杂的一个过程，它的主要特点是信息量大，信息传递不方便。然而在我们的日常生活中也会存在一些不用对图像进行处理，只需要对单帧图片进行采集。比如：地下车库监控，矿井工程，交通道口监控等。针对以上问题，本文设计了一种基于ARM的移动机器人图像采集系统。该系统主要运用在那些对图片要求不高且只需要能够简单的传递图像而不需要对图像进行一系列处理的领域。由于系统主要采用集成模块，所以它结构简单而精巧，成本低且容易上手，从而可以被广泛运用于移动机器人领域。

本章设计了一种适用于移动机器人的图像采集系统。该图像采集系统的功能比较单一，只能够简单的实现图像的传递，而不能对图像进行复杂的处理。该系统主要摄像头、手机等组成。拍摄的一系列图片通过WIFI传送到手机，实现图像的实时监测。实验表明，该系统能实现图像的采集，并且系统的稳定性、实时性较好。

一、图像采集系统原理

移动机器人图像采集系统主要包括了摄像头、无线模块、电源模块、Android手机。由摄像头进行拍摄，所得的图片由WIFI发射到手机。在Android手机上装载相应的APP软件，就可以实时的观看到摄像头所拍摄到的图片，同时在手机软件上可以进行拍照。

图像采集系统主要可以分为四大模块，分别是同步系统、A/D转换系统、光电换换系统、扫描系统。同步系统的作用是使整个图像采集系统中的所有部件动作同步。照明系统直接作用在被采集对象，安装在摄像头内部为光电转换系统提供足够亮度的光强度信号。扫描系统是图像采集系统的重要部分之一，通过对整个图面的进行扫描，获得画面中每一点的光照强度。光电转换系统的主要作用就是把扫描系统得出的画面中的每个点的光信号转换为电信号，并且对这些光信号进行一系列的放大转换处理，最终以稳定的数字信号输出来，供其它设备处理。

二、成像器工作原理

成像器（摄像头）是整个图像采集系统的核心，其作用就是将光信号转换为电信号。常见的成像器件有三类：CMOS类器件、CCD类器件和PSD类器件。其中PSD类器件用到的比较少，主要用于相机的自动对焦以及机械加工的定位装置中。

CMOS类器件的中文翻译为互补金属氧化物半导体，这种芯片在计算机上的使用也极为广泛，主要是用来保存系统引导基本资料。COMS类传感器的主要组成部分有传感器核心部件、A/D转换器、时钟、时序逻辑和芯片内的可编程程序功能等。CCD类器件中文为电荷耦合器件，CCD分为两种类型，一种是表面沟道类型一种是埋沟道类型。其主要特点就是噪音小。所以运用的比较广泛。比如：微光电视影像和信息的存储和处理。

CMOS类器件的工作原理：从成像原理的角度，当光照射到CMOS类器件上时，经过光电转换器将光信号转换为电信号，两电极分别带上正电和负电，两者之前产生电信号，被CMOS类器件提取出来放在A/D转换器上，最后被解读成影像。

CCD类器件的工作原理：电荷耦合，顾名思义就是以电荷为信号，这和绝大多数的器件都以电信号为媒介不同。它的主要作用就是电荷存储和转移。首先有光或者电激励产生电荷，经由CCD存储起来，然后，在对CCD加上特定的脉冲信号时，CCD存储的电荷就开始定向的传输。最后根据不同的类型CCD进行不同方法的图像获取。

CMOS与CCD两者相比较，CMOS的信号噪音比较大，敏感度较差，但是CMOS只需要加载一路电源电压，而CCD却需要三路电源电压。同时CMOS的制作成本比CCD要低的多。对于普通低档的成像系统方面，CMOS更为适合。

所以综上所述，本文采用CMOS类器件。本设计中采用的摄像装置是直接购买的模块。型号为HD720P高清版。其中传感器类型为CMOS型。分辨率最大可达1280*720，画质高清。成像距离为30cm。该摄像头可以自动控制曝光，具有夜视功能。摄像头的输出格式可分为两种，一种是动态情况下为AVI/YUU2，静态情况下为BMP/JPEG。同时具有低功耗保护技术和屏蔽抗干扰设计。

三、控制端软件设计

根据市场调查可知，2015年全球的智能手机使用量已经达到19亿，而到2016年底，智能手机的使用客户量已经超过20亿。而在智能手机领域Android系统的手机的市场占有率超过了80%。从2011年开始，Android手机的市场使用比例一直保持第一。现已远远超过其他操作系统好几倍。从这点可以看出Android系统的使用将会在最近几年里始终保持市场第一。也正是因为Android的超高的使用率和Android本身的开放性特点，本文选用的控制端选用Android系统的手机。

（一）Android操作系统

Android是一种基于Linux平台的操作系统。由于该系统的代码开放性，所以被广泛使用在手机和部分平板电脑等移动设备中。Android系统是由Google公司和开放手机联盟联合开发并在2007年11月正式被使用。Android的Logo是一个小机器人，颜色为绿色。

Android的发展非常之快。2005年Google收购了高科技企业Android及其团队。而在Google收购二十二个月之前，也就是2003年10月，Android公司及其团队才刚刚组建完成。然后经过两年的开发研究，到2007年11月5日，才向外展示了Android操作系统，被称为beta。但是这一系统仅仅只是内部测试版本，并未正式发行。然后又经过了大约一年的时间，android系统才正式发布。从Android 1.0一直到Android7.0。其中Android7.0版本是最新出来的，但是由于其它原因，一直到十月份左右才被第三方使用。其中Android7.0版本的主要新特性有：

（1）建立了图形处理Vulkan系统。使CPU的占用变小。还在新的版本里加了JIT编译器。不但是安装空间变小了，而且安装速度也大大提升了。

（2）新版本支持分屏，可以同时预览两个界面。

（3）加入了新的API，第三方应用通知可以快速操作和回复，还可以一次全部清除。

（4）系统更加安全，Chrome浏览器可以识别恶意网站信息。

具体的版本更新见下表所示。该表包含了Android的所有系统更新的时间、代号等。

Android 系统历史版本

时间	版本	英文名称	中文名称
2008年9月23	Android 1.0	Astro	铁臂阿童木
2009年2月2日	Android 1.1	Bender	发条机器人
2009年4月17日	Android 1.5	Cupcake	纸杯蛋糕
2009年9月15日	Android 1.6	Donut	甜甜圈
2009年10月26日	Android 2.0	Eclair	松饼
2010年1月12日	Android 2.1	Eclair	松饼
2010年5月20日	Android 2.2	Froyo	冻酸奶
2010年12月6日	Android 2.3	Gingerbread	姜饼
2011年2月22日	Android 3.0	Honeycomb	蜂巢
2011年5月10日	Android 3.1	Honeycomb	蜂巢
2011年7月15日	Android 3.2	Honeycomb	蜂巢
2011年10月19日	Android 4.0	IceCream Sandwich	冰淇淋三明治
2012年6月28日	Android 4.1	Jelly Bean	果冻豆
2012年10月29日	Android 4.2	Jelly Bean	果冻豆
2013年7月24日	Android 4.3	Jelly Bean	果冻豆
2013年9月4日	Android 4.4	KitKat	奇巧巧克力棒
2014年10月16日	Android 5.0	Lolipop	棒棒糖
2015年10月1日	Android 6.0	Marshmallow	棉花糖
2016年5月18日	Android7.0	Nougat	牛轧糖

一般Android应用程序包括以下四个部分，也就是Android的四大组件。分别为：Activity、Service、Content Provider、Broadcast Receiver。

（1）Activity

Activity可以理解为应用软件中的一个界面即人机交互界面。一个应用可以有多个Activity。Activity有生命周期。生命周期有几个状态，分别为：on Create

（）；on Start（）；on Resume（）；on Pause（）；on Stop（）；on Destroy（）；on Restart（）。

Activity经历如下3个阶段：

第一阶段：Activity的开始：在这个阶段on Create（）、on Start（）和on Resume（）方法将会一次被执行。

第二阶段：Activity重新被获得：该阶段on Restart（）、on Start（）和on Resume（）三个方法会依次被执行。

第三阶段：Activity的关闭：在这一阶段on Pause（）、on Stop（）和on Destory（）会被执行。

（2）Service（服务）

Service的生命周期很长，没有界面程序，所以Sevice用户无法看到。当播放音乐的时候，用户启动了其它Activity，这个时候播放音乐的程序就要放在台继续播放

Service必须在manifest（目录清单）中通过<service>来声明。用contect.startservice和contect.bindserverice来启动Service。

Service运行在进程的主线程中，有时候service需要耗费很多时间，这就需要在其子线程中来实现。

（3）Broadcast Receiver

Broadcast Receiver又被称为广播接收器。它是没有用户界面的，但是却可以使用Notification和Notification Manager来观看信息的界面，即显示广播的内容。广播接收器的主要作用是对外部事件进行过滤，只对所需要关注的事件进行接收并做出响应即可。

（4）Content Provider（内容提供者）

Content Provider主要作用是通过Content Provider把应用程序中的数据共享给其他应用访问，其他应用可以通过Content Provider对指定应用中的数据进行操作。

二、Android系统的基本构架

Android可以分为四层，从上到下依次为应用程序层、应用程序框架层、系统运行库层和系统内核层。

（1）应用程序

应用程序层主要存放所安装的应用软件。比如浏览器、播放器、记事本、邮箱等。这些软件都是使用Java编写的。

（2）应用程序框架

应用程序框架每一个应用程序的核心所在。它是一个框架，是每一个应用程序的总体框架。所有开发Android应用的人都必须遵守该框架的原则，但是可以在这个框架的大前提下进行扩展。

（3）系统运行库层

系统运行时库层包括两个部分分别为系统库和Android运行时。系统库是连接内核层与应用程序框架层之间的桥梁。系统库主要包含Libc、Media Framework、Surface Manager 、Webkit、SGL、SSL、OpenGL ES 、freeType、SQLite。而在Android运行的时候会调用Core Libraries（核心库）和Dalvik虚拟机。

（4）Linux 内核

Linux2.6内核是整个Android系统的核心，同时也是硬件和软件之间的桥梁。

四、图像采集系统的实现

开发Android应用程序所要用到的工具有JDK（Java Development Kit）、Eclipse IDE for Java Developers、Android SDK、ADT。

首先建立一个新的Android Application，其中包括Project Name、Application Name、SDK版本、程序的目标SDK、程序的编译SDK版本、默认的一个Activity的名字、Activity的页面布局。

当一个工程建好以后。然后，需要我们在里面编写相关代码。

Android项目结构释义

目录	作用
src/	主要用来存放程序源代码
bin/	主要用来存放系统编译后的一些输出目录,比如：最终生成的APK文件
gen/	用来存放系统自动生成的R文件,不能被随意修改
assets/	用来存放原始的相关文件,例如：数据库db文件、MP3文件,这些数据是不经过编译。可以使用Asset Manager里读取这些这些文件。主要是为了减小APK的大小
res/	主要是存放应用程序的相关资源文件,比如：图片资源、布局文件、自定义的一些字符串值这些资源文件是会被编译到APK文件中
anim/	主要用来存放动画文件,以.XML的格式来存放
color/	主要用来存放颜色的文件,必须以.XML的格式来存放,每一种颜色都对应一种二进制代码
drawable/	主要用来存放图片资源。这里包括了不同分辨率的图像 比如：APK文件的图标
layout/	主要用来存放每一个Activity界面的布局
menu/	存放自定义的XML文件
raw/	用来存放原始的文件,与asset相似。当在代码总使用某一文件的时候,这里会生成相应的R文件。然后须使用R点的方式来引用,比如：R.id.image1
values/	主要存放数值文件,例如：String、color、dimens、style等相关文件
xml/	一些用来配置App组件的其他XML文件
libs/	主要是存放一些库文件
Android Manifest.xml	项目清单文件。比如：Android的版本规定。系统权限的描述。
project.properties	主要用来编写对项目相关设置,例如：target的编译

首先，编写的是layout布局里面的XML文件，也就是APP中每一个界面的布局，需要多少个软件界面就需要多少个XML布局文件；然后，编写Activity文件，需要运用java语言来编写。每一个Activity都对应一个XML布局，编写代码是两者相互联系。

将需要的图片改为png后缀的格式放在res子目录的drawabl-hdpi下，方便以后使用。对于每一个界面里的文字部分需要在values文件下的string.xml里进行设置。当把一切代码编写好后，需要在Android Manifest.xml里面注册将要使用到的Activity文件。对于IMAQ（APP名称）的编写，仅仅是为了实现图像的采集功能，所以没有对每个界面进行美化。但是不会影响到图像采集功能的实现。具体过程如下所描述。

下面附上的为Activity文件的部分代码，对程序中所要用到的包和Main Activity类的编写，重写on Create（）方法，在方法里面编写具体要实现的功能，包含界面的跳转，设置点击事件等。以下是部分程序源代码：

```
public class Main Activity extends Activity {
Button btn;
TextView textview;
@Override
protected void on Create（Bundle saved Instance State）{
Set Content View（R.layout.activity_main）;
super.on Create（saved Instance State）;

Find View ById（R.id.btn）.set On Click Listener（new On Click Listener（）{

@Override
public void on Click（View v）{
// TODO Auto-generated method stub
Intent intent = new Intent（）;
intent.set Class（Main Activity.this，First Activity.class）;
Start Activity（intent）;
}
});
}
}
```

如下是一个完整的布局文件，采用的是相对布局，里面包含一个按钮和一张图片：

```
<RelativeLayout xmlns：android="http：//schemas.android.com/apk/res/
```

```
android"
    xmlns：tools="http：//schemas.android.com/tools"
    android：layout_width="match_parent"
    android：layout_height="match_parent"
    tools：context="${relativePackage}.${activityClass}" >
    <Button
    android：id="@+id/btn"
    android：layout_width="match_parent"
    android：layout_height="wrap_content"
    android：layout_alignParentLeft="true"
    android：layout_below="@+id/imageView1"
    android：layout_marginTop="121dp"
    android：text="@string/first_Activity" />
    <ImageView
    android：id="@+id/imageView1"
    android：layout_width="wrap_content"
    android：layout_height="wrap_content"
    android：layout_alignParentLeft="true"
    android：layout_alignParentTop="true"
    android：layout_marginTop="48dp"
    android：src="@drawable/t0177caa9342644f598" />
    </RelativeLayout>
```

五、实验结果

给整个系统上电，WIFI模块就开始发射无线信号，打开手机WIFI确认连接，打开手机APP软件，登陆后就可以观看到摄像头拍摄到的图片。

第六章　机器人应用案例——焊接跟踪与控制

第一节　焊缝识别与跟踪

一、焊缝跟踪类型

完成了对旋转电弧电流信号的处理、激光视觉图像处理和识别后，需要对机器人系统进行焊缝跟踪控制，使得焊枪跟踪上焊缝，完成焊缝的自动跟踪焊接。涉及到的焊缝类型有：直线无孔焊缝、直线有孔焊缝、弯曲焊缝、直角转弯焊缝、带流水孔直角转弯焊缝。

（一）直线焊缝跟踪

焊接机器人运动机构由行走部分与焊矩运动部分构成。行走部分为运动小车形式，本课题采用平面运动的移动小车，两后轮为驱动轮，前轮采用一万向轮结构。焊矩运动部分采用十字滑块的形式，分为横向调节滑块和纵向调节滑块。焊接小车和滑块组成运动系统，共有4个自由度。

（二）弯曲焊缝多传感信息融合跟踪

在常用的焊缝跟踪传感器中，电弧传感器因其不受弧光、烟尘等干扰，实时性最好；视觉传感器因采集到的焊缝信息量大，焊缝跟踪效果也是最好的。由于各类不确定因素对焊缝偏差提取都会产生或多或少的影响，因此采用单一的传感方式特别是在某些特殊的场合（比如弯曲焊缝和以圆弧过渡的折线角焊缝），焊缝跟踪的可靠性不高。利用多种不同传感方式采集焊缝信息，将焊缝信息进行算法融合，可有效解决特定环境下焊缝识别跟踪问题，提高焊接自动化水平。

1.信息融合过程

采用旋转电弧传感信号与激光视觉信号为原始数据，形成有效的数据融合方案，解决弯曲焊缝和以圆弧过渡的折线角焊缝自动跟踪问题。

旋转电弧传感到的电流/电压信号经过数据处理偏差提取后得到焊缝偏差实测值；激光视觉传感器采集到的前置焊缝图像经处理后得出焊缝的前置偏差预估值。对激光视觉传感器获取前置距离内的所有采样点坐标，采用最小二乘法进行拟合，得出焊缝轨迹在段的近似函数，由函数表达式计算段内所有的拐点和极值点，并计算所有采样点所预测的焊缝轨迹对应的曲率。对预估曲率进行有效性验证，如无效，则用上一时刻的偏差融合值作为当前的偏差融合值输出。若预估值有效，则与设定的阈值进行比较，小于阈值，则直接用旋转电弧的实测值作为系统融合值进行焊缝纠偏。否则采用自适应最优加权融合算法进行偏差融合，融合结果直接送控制器从而驱动纠偏机构进行焊缝纠偏。实际焊接中，设激光线与焊嘴之间的距离为，根据曲率计算公式和实际工作中经验选取有效曲率范围为0-，阈值选为。

2.试验验证

参照数据融合算法，取一弯曲焊缝进行试验，焊接工艺参数按实际焊接需要进行调整，激光视觉偏差、旋转电弧偏差和融合后的偏差结果，从中可以看出，由于激光视觉偏差是前置的，焊嘴的调节在激光处带来了放大，但其代表的是焊缝的走势；旋转电弧偏差相对较平缓，融合后的结果综合了焊缝的变化趋势和当前偏差，对焊缝的走势提前进行了补偿，曲线显得相对平滑，给焊缝的成型美观奠定了基础。利用融合算法提取偏差对弯曲焊缝焊接的结果，可以看出，焊缝饱满、过渡均匀，焊接质量很好，完全满足生产要求。

（三）直角转弯角焊缝识别和跟踪

在船舱格子间制造过程中，存在一些直角转弯焊缝，实际焊接中，焊枪从A点开始焊接，至B点，机器人本体开始转弯，十字滑块伸出，焊枪沿BC焊接，至C点，焊枪从伸出切换至缩进，沿着CD焊接，至D点，机器人本体停止旋转，直线行走，焊接DE段。在整个焊接过程中，焊枪沿焊缝的线速度始终恒定不变。

1.转弯方式

移动机器人进行转弯，转弯方式有三种，。

其中，（a）为以左轮为旋转中心，右轮后退的转弯方式；（b）为左轮前进，右轮后退，以两轮中心为旋转中心的转弯方式；（c）为以右轮为旋转中

心，左轮前进的转弯方式。三种转弯方式中十字滑块的最大伸出量分别为

$\Delta L_1 = \sqrt{L_x^2 + L_y^2} - L_x = 0.414L_x = 9.94\text{cm}$

$\Delta L_2 = \sqrt{(L_x + R)^2 + (L_y + R)^2} - (L_x + R) = 0.414(L_x + R) = 14.28\text{cm}$

$\Delta L_3 = \sqrt{(L_x + 2R)^2 + (L_x + 2R)^2} - (L_x + 2R) = 0.414(L_x + 2R) = 18.63\text{cm}$

其中，L_x 为机器人左轮离焊嘴的距离，L_y 为超声波传感器离前方工件离左轮中心的距离，此处假定$L_x = L_y = 24\text{cm}$，$R = 21\text{cm}$

分析可知，三种转弯方式十字滑块的伸出总量依次增加，长度的增加对机器人本体的重量控制都是不利的，同时由于旋转电弧传感器固接在横向滑块的末端，滑块越长，旋转电弧带来的震动越大，因此采用第一种转弯方式。

2.十字滑块轨迹规划

焊接过程中，无法单靠实时采集的焊缝偏差进行跟踪控制，需对十字滑块的运动进行事先规划。焊接时，滑块的控制量为旋转电弧传感器焊缝跟踪实时控制量和规划量叠加。

滑块的规划采用分段方式。从A点到D点分为 n 段，n 为焊枪从A点到D点运行时间除以采样周期得到。令，$\vec{OB} = L_2$，$\vec{OC} = L_1$，可得

$$L_1 \cos(n-1)\theta = L_x$$

$$L_2 \cos n\theta = L_x$$

对应采用周期内滑块的伸出量为

$$\Delta L = L_2 - L_1 = L_x\left(\frac{1}{\cos n\theta} - \frac{1}{\cos(n-1)\theta}\right)$$

其中$\theta = \pi/4n$。

焊接过程中，认为AD段和DE段近似对称，分析做类似处理，

3.机器人本体运动学分析

焊接过程中，移动机器人进入转弯后需对其轮子运动进行规划，和十字滑块的规划一样采用分段方式，分析在45°角之前，从（$n-1$）θ 过渡到 $n\theta$ 过程中的运动学问题，有

$$L_2 = L_x / \cos n\theta$$

$$L_1 = L_x / \cos(n-1)\theta$$

在一个采样周期内，滑块的伸出速度为

$$v_1 = \frac{\partial L}{\partial t} = 240L_x(1/\cos n\theta - 1/\cos(n-1)\theta)$$

其中，采用周期为250ms。

此时滑块沿焊枪运动方向的速度分量为

$$v_{1t}=v_1\sin n\theta=240L_x(\sin n\theta/\cos n\theta-\sin n\theta/\cos(n-1)\theta)$$

机器人转弯过程中，左轮不动，右轮做旋转运动，则运动轴线上的角速度始终一致，有

$$v_{右}/R=v_0/L_2=v_0\cos n\theta/L_x$$

滑块的运动和机器人本体运动的叠加形成了焊枪的速度，则

$$v_{0t}+v_{1t}=v$$

经过变换后，有

$$v_{右}=[v-240L_x(\sin n\theta/\cos n\theta-\sin n\theta/\cos(n-1)\theta)]R/L_x$$

约束方程为

$$v_1\cos n\theta=v_0\sin n\theta$$

由于机器人进入直角转弯后其运动以拐点对称，故直角转弯后45°的分析类似。

4.拐点的检测

机器人识别跟踪直角角焊缝的过程中，直角拐点的检测至关重要。若拐点的检测结果出现偏差，则机器人十字滑块由伸出到缩进的切换时间也会出现偏差，以致出现没跟踪上直角顶点或焊枪直接顶上工件的情况。

旋转电弧传感器无法检测直角拐点的信息，采用计时的方式预估直角拐点的位置。当机器人接收到转弯信号时，开始计时，利用焊枪走过的距离除以速度得出定时器定时时间，定时到则认为到了拐点。该方法实际上采用的是路径规划的方式，实现起来会出现很多不确定因素，比如机器人轮子打滑、转弯初始时机器人与工件之间的相对位置关系并非平行等，这使得焊枪到达拐点的时间都存在不确定性，从而机器人对直角转弯拐点的跟踪存在一定的不稳定性。采用检测旋转电弧倾角的方式确定是否到达直角拐点，该方法也存在不确定性。焊接过程中，焊枪到达拐点后与工件的角度近似为45°，根本无法确定焊枪是前倾还是后倾。

本文采用激光视觉和旋转电弧传感器共同传感跟踪直角角焊缝，旋转电弧传感器用于焊缝跟踪，激光视觉传感器用于准确检测直角拐点的位置。通过分析可知，焊枪离工件的距离变化会引起焊缝图像中激光条纹横坐标的变化。焊

枪从B点到C点的过程中，激光条纹的横坐标是逐渐增大的，而焊枪从C点到D点的过程中，激光条纹的横坐标是逐渐减小的。因此，在焊缝跟踪过程中，实时检测焊缝图像中激光条纹的横坐标，当其坐标处于拐点时，则认为激光已经到达拐点，实际焊接中检测到的激光条纹横坐标的位置图曲线，A点即为激光到达拐点。由于激光超前焊嘴的距离为18mm，加上旋转电弧传感器具有实时跟踪功能，完全可以补偿机器人打滑或定时器不准所带来的误差。

5.协调控制器方法

在对直角角焊缝的跟踪过程中，主要由两个阶段组成，第一阶段为直线焊缝跟踪，第二阶段为直角转弯焊缝跟踪。

焊接开始时，进入直线跟踪阶段，机器人本体两轮等速运行，由旋转电弧传感器采集焊接电流信息，经信息处理后送入参数自调整模糊控制器，得到控制量驱动横向滑块运动进而焊枪跟踪上焊缝。在直线跟踪过程中，十字滑块会伸缩，伸缩量可由红外传感器获取，当红外传感器的采样距离当量等于超声波传感器的采样距离当量时，进入直角转弯阶段。此时采用轨迹规划和实时跟踪控制叠加的方式进行焊缝跟踪，同时，由激光视觉传感器检测拐点，到达拐点，则对机器人本体和滑块的规划进行切换，进入直角转弯后45°的跟踪。

直角转弯焊接跟踪过程中，实时跟踪控制量和轨迹规划的输出量需叠加，叠加时需选择合适的权值，经过试验验证，$U = 1.3u + u_0$比较理想，其中U为总控制量，u为实时控制量，u_0为规划输出量。

6.试验验证

在移动机器人的硬件平台上，用VC++编程实现直角焊缝识别和跟踪控制，采用气体保护焊进行焊接试验，各项焊接参数按实际工作过程需要设置。焊接机器人能够找到直角拐点进行过渡，实现直角角焊缝自动跟踪焊接，效果良好。

（四）带流水孔直角转弯焊缝识别与跟踪

在船舶格子间制造中，除了直线焊缝，直角转弯焊缝外，还有一种带有流水孔的直角转弯焊缝。

在左孔直角转弯焊缝中，焊接从A点开始，焊接至B点，停弧，行至C点，焊枪切换同时起弧焊接至D点完成焊接。整个焊接过程中，AB、CD段由电弧传感器实现焊缝跟踪，BC段由路径规划实现行进；整个焊接过程中，激光视觉传感器需进行特征点识别和流水孔类型判断。

在右孔直角转弯焊缝中，焊接从A点开始，焊接至B点，停弧同时焊枪切换，行至C点，起弧焊接至D点完成焊接。同样，AB、CD段由电弧传感器实现焊缝跟踪，BC段由路径规划实现行进，整个焊接过程中，激光视觉传感器需进行特征点识别和流水孔类型判断。

在带有流水孔的直角转弯焊缝中，机器人本体的运动和十字滑块的规划完全一致，只是带有流水孔焊缝中需要识别流水孔的特征点和类型，同时拐点的直角拐点的识别也可采用更为简单的方式。

1.左右孔识别

假设焊接过程中，焊枪行至A点则进入直角转弯，根据焊接要求转弯过程中，焊枪沿着焊缝方向需保持焊接速度为v，设AB的长度为L，则焊接A至C需要时间为$t=\frac{L}{v}$。若系统控制周期为T，则从A点至C点$n=\frac{t}{T}$。焊接过程中，实时采集焊缝图像信息，某一时刻，焊接从无孔进入到有孔时，记录此时计数值n_1，若$n_1<n$，则判断为左孔，否则判断为右孔。实际工作中，由于机器打滑、CPU时间稍有偏差等原因，可设置$n_1<n-5$时，判断为左孔，否则判断为右孔。

2.实际焊接试验

对带有流水孔直角转弯焊缝进行试验，焊接机器人能够准确找到流水孔并及时停弧，经过流水孔后能够重新起弧完成焊接，达到预期效果。

3.生产现场焊接试验

设计的焊缝自动跟踪控制系统在九江江州造船厂的生产车间进行试用，图中可以看出，为了加固船舱的需要，船舱底部存在很多格子间。为了让水能够在格子间自由流动，格子间焊缝存在流水孔。所焊接的工件是船舶机舱双层底分段结构中的一个格子间流水孔焊缝。所用焊机为Panasonic全数字逆变焊机YD-500GR，焊丝为药芯焊丝1.6mm，焊接电流260A，焊接电压25V，80%Ar+20%CO_2混合气体保护，气体流量为15L/min，焊接速度为40cm/min。焊接机器人能够自动跟踪焊缝，同时自动识别流水孔，在流水孔段自动熄弧和起弧，熄弧起弧点位置合理焊接质量良好，完全满足生产要求。

（五）小结

（1）对移动机器人系统进行了运动学和动力学分析，得出系统数学模型。对于平面焊缝，利用简化模型，采用机器人本体和滑块协调控制方式即可进行焊缝自动跟踪控制；

（2）针对大曲率弯曲焊缝，采用旋转电弧传感偏差和激光视觉传感偏差进行自适应最优加权融合得出用于控制的偏差量，该算法能够提前感知焊缝趋势，有利于焊缝跟踪的平滑过渡；

（3）单一的传感方式无法解决带流水孔直角焊缝跟踪问题，多传感器信号融合方法有效解决了该问题。超声波传感器检测距离触发直角转弯信号；焊接机器人本体运动规划、水平滑块轨迹规划和实时跟踪控制相叠加的方式进行焊缝跟踪；采用激光视觉传感器进行直角焊缝拐点检测，通过协调控制方法实现了直角转弯角焊缝的自动识别跟踪。

第二节　多传感信息融合跟踪

一、焊接机器人技术

随着物联网技术的飞速发展，制造技术正在发生翻天覆地的变化，德国提出“工业4.0”，将互联网技术、制造技术、信息技术相互融合。“中国制造2025”于2015年5月公开发布，确定机器人技术及智能化为优先发展方向。在各类制造行业中，制造技术迅速发展，用快速、高精、高鲁棒性的机器人大量代替工人操作，实现产品制造的智能化、集成化生产已成为必然的趋势。

近年来，我国市场上对机器人的需求日益增多，在企业中，越来越多的产业工人被机器人所取代。在珠海、深圳、广州等地，人工操作被机器人替代的年均增长速率已超过30%，特别是在电子生产、装配、焊接等相关领域。据中国信息网数据显示，截至2016年，我国正在使用的机器人数量全球第一，其中超过有三分之一被用以各类形式的焊接作业，大部分被应用在汽车相关制造的流水线上。

至20世纪70年代，我国才着手研发产业机器人，时间上明显要比美国和日本滞后很多。我国加大对产业机器人的研制和公关直到“七五”计划期间才开始。经过几代人的不懈前行，在党和国家的帮扶下，无论是在电子技术还是控制技术方面都取得了不小的进步，基本能够自行设计、开发、生产各种类型的机器人产品。

目前，比如日本、欧洲及美国的船舶企业在发展科技之前，都努力提升机器人技术与自动化技术，这些技术在企业研发和应用焊接机器人的同时取得了明显的提升。“无人化船厂”设想在日本提出始于20世纪70年代，标准化、通用化机器人的研制始于20世纪80年代，给造船企业和焊缝跟踪机器人的快速成长带来了机会。现代造船中的各种人工加工机械正在被自动化建造装备所替代。

韩国LeeJH（1998年）等开发的DANDY焊接系统在大宇造船厂成功应用，该系统是由固定在顶部的龙门架和六自度机械手组成，机械手、送丝设备和焊接电缆安装于固定在龙门架的移动平台上；控制柜安装在工作现场外，存在大量控制电缆线与移动平台相联，使移动灵活性较差。另外，由于采用龙门架增加焊接系统的工作范围，该系统无法用于封闭的船舱焊接。

1999年新加坡MarceloH.AngJ等研制的用于船舶焊接的机器人系统（SWERS），该系统由机器人、焊接、人机界面和龙门架四个子系统组成，其中，机器人子系统包括由带漫游示教手柄的REISRV6机器人，工作半径3m；机器人子系统和焊接设备安装于工作范围在12m×12m×2m的龙门架子系统托架上，控制器安装在龙门架一侧。该机器人基本特征拥有比较容易和快速的示教过程，同时系统的操作界面简便，适合于大型、小批量构件。通用机器人安装在龙门架上增加其灵活性，但系统结构庞大，安装过程比较麻烦，示教过程比较繁琐。

2000年西班牙工业自动化研究所的P.Gonzalez De Santors等人研制了拥有4个腿的移动机器人平台的焊接机器人系统，以满足双层外壳船舶建造的需要。该机器人系统包括一个铝合金焊接机器人，传感采用旋转电弧实现对焊缝的立体跟踪，并设计了灵活、轻便、且可自由伸缩的腿式移动平台。该系统能够在封闭的船舱实现具有加强筋的船舱焊接自动化，但是整个系统相对来说比较复杂和庞大，组装时间较长（15min以上），实际应用不方便。

2001年韩国的W.S.Yoo等人研制出了三连杆结构的机械臂，该机械臂用以完成平面角焊缝的自动识别跟踪，可在移动平台上实现自由运动。该机器人具有多个自由度，对个控制关节的装配精度要求高，控制算法复杂，但只实现了平面角焊缝跟踪。

2003年，针对格子形构件焊接，船舱格子间移动焊接机器人由韩国釜庆大学的Byoung-Ohkam等人研发成功。机器人采用四轮式行走机构，用以检测焊缝位置的机械接触传感器固接在移动小车和焊枪上，且其侧面固接了接近传感器用以探测焊缝起点；采用模糊和PID切换控制，跟踪精度可达正负0.5mm。其主要缺点是不能检测焊缝上的流水孔，由于采用接触式传感器，焊枪运动的稳定性难以控制，无法克服车轮打滑引起的焊接质量问题。

2005年，英国、芬兰和比利时等研究人员参加的NOMAD计划致力于焊接自动化装备的研究与开发，其研制的焊接机器人系统包含位置和姿态的全局视频系统，携带6自由度机器人、机器人控制器、焊接设备运输车以及焊枪上的局部传感器。这套系统在大型构件焊接制造中应用能够取得比较好的效果，但是对于窄小空间的船舱焊接，由于机器人系统体积比较大，同时需要采用全局定位视频系统而不太适合。

2008年韩国LeeJi-hyoung等人研制的用于双壳体船舱U型结构焊缝焊接的5自由度移动焊接机器人。该机器人有三个移动关节和两个转动关节，控制器采用工控机+控制卡形式，传感器采用接触和电弧传感器实现焊接过程中的焊缝识别。由于控制器和机器人本体分离，存在机器人移动灵活性和抗干扰能力差的缺点。

2010年韩国首尔大学与大宇船厂的Donghun Lee等人共同开发用于双壳体船焊接的Rail RunnerX（RRX）焊接机器人系统。该机器人由移动平台和6自由度的机械手组成，可实现U形及角焊缝的焊接，并取得很好的效果。但该机器人系统体积和重量都较大，需要特殊移动小车送入焊接现场，导致使用不方便。

2011年芬兰肯倍公司与丹麦Inrotech公司于共同开发的全新焊接自动化系统。该系统由Inrotech的移动式船用机器人和高度灵活的肯倍

弧焊解决方案组成，实现了空间受限型船体制造环境中自动焊接技术的应用。但该机器人体积庞大，安装起来较为复杂。双层外壳船舶焊接机器人是欧盟POWER-2项目组为实现双层外壳船舶建造所设计的一种焊接机器人。该船体进行分段焊接时，焊工需要在只有600mm×800mm开口的密闭舱体中进行焊接

作业，由于舱体不通风，焊接环境会对工人的健康产生不良后果。机器人采用铝合金制造，体积小，具有竖直方向的移动自由度，能够控制机器人整体在竖直方向运动，焊枪安装了电弧传感器，能够采集焊缝的三维信息并进行焊缝跟踪。

此外，主要用于切割、装配、焊接的机器人与相关自动化设备在捷克、意大利、德国、挪威、荷兰等国的船舶制造厂相继列装。

随着经济的发展，中国已成为世界第二大经济体和世界第一大出口国，大量的石油进口和商品出口都要从海上运输。船舶的生产制造在政府的帮助下持续增长，2016年我国各类造船产量更是高达2600万dwt。在可喜的发展势头上，同时研究发现我国的造船技术与造船强国存在一些差距。焊接材料的人均消耗量方面，日本（2006年）108.3kg/人天、韩国（2006）年91.4kg/人天、沪东中华造船为57.74kg/人天（2016）年，虽然时间相隔为10年，但是人均日消耗焊材量水平仍然存在较大差距，此项数据表明中国造船效率远不如日韩。

目前，我国大多数造船企业仍然依靠焊接人数优势以及大量使用CO2气体保护焊来进行造船焊接生产。随着市场竞争日益加剧，为提高造船效率和生产质量、同时节约成本、减少生产时间，各国都在紧锣密鼓研制焊接机器人系统应用于造船中，我国也不甘示弱，集中优势进行充分的准备和开展相关预研工作。目前我国船舶工业已步入造船领域第一序列，从制造趋势看，精细化造船成为必然，同时将强有力地推动我国造船工业能力的跨越发展。

20世纪70年代，中国就已经开始了对焊接机器人的研发工作。几十年来国家高新研究发展计划与“机器人示范工程”相关发展计划的部署，为我国机器人事业的发展提供了坚实的基础。经过50多年的实践和进步，我国已然成为世界上第一造船大国，但远非造船强国。

步入20世纪80年代后，中国机器人技术的研发得到国家的支持和重视，各级政府对产业机器人的研发投入了大量资金，完成了可示教再现的机器人相关技术的突破。1985年，从我国第一台HY-l型焊接机器人在哈工大成功研制开始，国内的焊接机器人已逐步走向实用化阶段。国家863计划开展以来，我国智能机器人技术紧随世界机器人技术的动向和前沿，获得了一定的成效，研发出了一大批特种领域机器人。

20世纪90年代以来，我国的产业机器人研发取得了巨大的进步，先后成功研发出了焊接、切割、装配、搬运等各类产业机器人，为我国机器人大批量生产应用提供了基础。"九五"期间，我国自主研发的船体对接和下料机器人得到了国家高新发展研究计划资助，也得到了企业的认可。移动焊接机器人以其灵活移动性、强磁吸附力和高度智能化，为造船企业的焊接智能化提供了重要支撑。

2000年随着长春国家863计划"机器人应用工程及产业化开发"的顺利验收，意味着我国自主研发的产业机器人突破了技术及应用上的瓶颈，使我国机器人研发、生产和应用综合技术能力已然进入国际先进梯队。

2005年上海交大张轲等研发的具有自寻迹功能的移动焊接机器人系统采用轮式磁性移动机构，焊缝实时检测装置采用激光位移传感器，执行机构采用精密十字滑块，主处理器采用DSP实现。焊缝跟踪时，先让机器人本体在大致范围内跟踪上焊缝，然后再由滑块来实现更为精准的小范围内的偏差跟踪。该系统实现了重型船舶甲板的自主移动跟踪焊接。但该机器人只能实现准平面焊接环境下焊接，无法实现焊接过程中焊枪姿态调整，不能满足格子形焊缝立焊要求。

2008年基于旋转电弧传感的弯曲焊缝焊接机器人系统由南昌大学毛志伟等人研制成功。该机器人靠左右两轮驱动，差速实现转弯，为增强机构的灵活性同时简化控制算法，采用中间前后对向万向轮布置，用两个步进电机驱动滑块实现上下和左右运动。该机器人可自由运动和转弯、体积小，结构紧凑，可完成对各类弯曲角焊缝的自动跟踪焊接。但该机器人也只能实现准平面焊接环境下平面焊缝焊接，且焊接过程中无法实时调整焊枪姿态，对于大曲率和折线焊缝焊接时对焊接质量有影响。

2013年6月，北京石油化工学院成功研制有导轨、无导轨和柔性导轨等系列全位置焊接机器人，包括硬件机械结构、自动焊缝跟踪、轨迹示教、焊接参数调整系统等关键技术研究，产品已在多个重大项目中应用。但该机器人需导轨以辅助机器移动，无法在狭窄船舱格子间环境中进行焊接。

同年，现代重工发布消息称公司已成功研制小型船用焊接机器人。该焊接机器人硬件设计紧凑，焊接机械臂收缩量分别为50cm、50cm、15cm，可在狭窄及人无法操作的地方工作，但其体积和重量大，不适用于船舱格子间的焊接。

华南理工大学应用于船舶制造中大合拢焊缝所研制的爬壁式焊接机器人，其可完成在倾斜的曲面钢件上运动。机器人运动平台硬件上采用四轮爬行机构，后轮驱动前轮从动，并利用磁吸附机构保证机器人运动的稳定性，采用焊枪调节机构控制横纵方向运动，整体机器人质量重达35kg。应用激光视觉传感器和接触式位移传感器相融合来提取焊缝偏差信息，以完成焊缝自动跟踪，经大量试验验证该爬行焊接机器人焊接精密度可达±0.9mm。

由此可见，虽然国内外针对焊接机器人应用于船舶制造进行了大量的研究，并取得了相应的成绩。但是大多数机器人存在系统复杂、结构庞大、完成任务单一、自主性差、使用不方便等问题，难以适应狭窄船舱自主焊接的要求。

我国的产业自动化起步较晚，同时也影响了船舶制造业的智能化发展进程。目前国内造船企业的自动化使用率不高，尤其在船体焊接方面，大部分仍采用人工焊接，然而人工焊接存在焊接质量不稳定、效率低、成本高等缺点。焊接相关类工序在船舶制造流程中占到了多个环节，焊接工作量在造船总工程量中所占的比例最大，因此焊接对船舶制造而言至关重要。

二、移动焊接机器人传感技术

在焊接的现场施工中，往往会伴有强弧光、粉尘、飞溅、烟雾等现象，而焊接工件也会由于加工精度、受热变形等因素导致焊接结果误差，甚至还可能焊接过程失败。为解决这个棘手问题，焊缝跟踪技术常常会被用在实际的焊接过程中，该项技术就是通过对现场焊接条件变化的检测，实时动态的对焊接参数和轨迹做出适当调整，使焊接质量得到可靠保证。在焊缝自动跟踪技术之中，传感器技术是其核心的技术构成。

焊缝识别传感器根据传感方法的差异可以分为：接触式传感、光学传感、电磁感应传感、声学传感和电弧传感等。

接触式传感器就是根据焊接工件与传感器接触所产生信号实现的，分为机械式和电子式两种。机械式接触传感器依靠焊缝边缘对导杆的强制压力来辨别方向，电子接触传感器采用焊嘴和焊缝中心发生偏离时，导杆经相应电子设备发出脉冲信号再控制电机使焊枪及传感器恢复对应位置，之后传感器输出信号被重置为零，完成了焊缝的自动跟踪。

接触式传感器以其结构简单、成本低、抗干扰强等特征，适用于各类焊接方法。北京化工大学的朱加雷等人将压轮结构改为双轮结构，不仅可以降低探测轮的磨损，而且还可以减小检测误差；曹莹瑜等人利用光电转化原理，研发了另外一种接触式光电传感器，该传感器利用坡口的机械结构导向作用将偏差转化为模拟电压量，达到了良好的焊缝测量和监测效果。

唐山松下产业机器有限公司尝试利用高压接触传感器采集焊枪与工件接触瞬时释放的高压，可实现焊缝高精初始定位。其低压传感器安装在机器人内置控制器中，此类传感方式在机器人初始寻位传感中价格低廉，但传感速度较快，可达1000mm/分钟。

电磁传感器属于非接触式，工作原理为：激磁回路的磁通量产生变化则感应电动势也产生变化，如果焊缝产生了横向或纵向的偏差，则其回路中的对应参数也会发生变化，据此可用于对接、搭接焊缝的跟踪和识别，也可适用于角焊缝的跟踪识别。缺点是体积较大且灵活性不够，因此只适用于焊接精度不高的场合。Y.U.Bae等人利用三个电磁感应式传感器用来检测焊缝前方、左侧和右侧的位置信息以实现焊缝跟踪。

声学传感器根据声源的不同可分成两类，一类是用以探测焊接本身的声音；另一类是超声传感器，用于发射或接收超声波，根据反馈回来的电压信号进行焊缝跟踪。声学传感一般不单独使用，原因在于对周围环境要求高，但也有其自身的优点，如抗弧光、磁场干扰强等，声学传感器多与其它传感器联合应用。采用超声传感器以扫描焊缝上方和左右位置，从而探测左右和高度偏差，实现焊缝跟踪。安装时，左右两个超声波传感器对称于焊枪两侧，焊缝对中时，传感器采集到的信号个数相等。如果偏于一侧，则对应侧所采集到的超声波个数必然减少，据此可判断焊枪的偏离情况，并估算具体偏差信息。

焊接中，焊枪与焊件间距离的变化会引起焊丝干伸长的变化，从而影响相关焊接参数变化，据此可进行焊缝偏差的估算。电弧传感器的最大特征是检测点即为焊接点，实时性、可达性和焊炬运动的机动性都相当好，且对弧光、温度和强磁的影响不大。它是采用电弧自身电流参数的实时变化作为原始信号，通过相应的控制策略来完成横纵两个方向的焊缝跟踪控制。但它主要只适用于具有规则形状的坡口焊缝跟踪，不适用于识别定位焊点和直角转弯拐点检测等特殊场合。

视觉传感是焊接作业中的一种先进的焊缝检测技术，以视觉传感方式采集焊接中实时的焊缝图像信息，通过对所采集图像进行处理后识别出焊接作业的相关工艺参数，以实现对激光焊接过程焊缝检测和焊缝跟踪的目的。视觉传感属于非接触式传感，其对焊接工作过程没有丝毫影响，同其它的单一的传感比较，视觉传感能提供更为丰富的信息。与其它非视觉类多传感器应用相比，单视觉检测具有可视化效果，设备单一、安装简单的特点。视觉传感器以其卓越的各类优点，已成为焊缝跟踪传感技术研发的重点，并逐步成为焊缝自动跟踪技术领域的必然趋势。近年来，随着电子技术、光学技术、图像处理技术和机器视觉技术的进步，视觉传感技术在焊接中的应用具备了坚实的硬件结构基础和技术服务保障。

视觉传感器根据光源的不同可分成被动式和主动式。被动式主要是基于自然光或弧光，主动式主要是基于激光结构光。其中，作为主动光源的激光具有能量集中、亮度高、单色性好的优点，其形式多种多样。目前，激光视觉传感器被焊接领域看成是最有成长前途的焊缝跟踪传感器之一。

焊接作业中，图像传感器采集到的信号常常包含弧光、粉尘、烟雾等干扰，激光条纹可能和噪声信号融为一体，图像处理的目的就是需要从强干扰的图像中去除噪声干扰，提取出人们感兴趣的信息，以便据此计算相应的焊缝偏差。对视觉传感器技术来说，激光条纹以外的所有图像均为噪声信号，焊缝偏差提取前必须将其滤除。对图像噪声的滤除，除了硬件上的措施外，图像处理方法一样相当重要。

近年来，焊缝跟踪技术在机器视觉、图像处理、智能控制算法等前沿技术的推动下已经取得了巨大的成功。美国、加拿大、英国、韩国等国家加大了对视觉传感器的研究和应用并取得了相应的成绩。美国Worthington Industries公司成功研制出了一种精度高达0.1mm的焊缝跟踪传感器。英国MetaMachines公司专注激光视觉传感器的研发生产多年，其应用于高精密度部件TIG焊的相关产品精密度可达0.1mm。加拿大也有相应的视觉传感器上市，据报道其跟踪精密度可达0.02mm。

瑞典ASEA公司的视觉跟踪系统LaserTrack不需对焊接路径进行人工示教，就能完成寻找焊缝的起点并跟踪至焊接结束。近年来，随着国内经济的急速发展，许多行业对焊接智能化需求日益增多。尽管国外许多产品已经上市，但价格过高。基于此，国内诸多科研工作者深入研究视觉传感技术并取得了较大突破。

清华大学潘际銮院士等人对焊缝跟踪过程中的各类传感器进行了详细阐述，提出了一种通过识别焊缝图像模式特性的新的焊缝轨迹识别方法，该算法对焊接分段采用灰度特征矢量来进行描述，焊缝偏差识别时，用上一段焊缝的特征矢量来预测和估算下一段的特征矢量，能够快速、准确识别坡口信息。

华南理工大学研发的单线激光视觉传感系统，可用于实现折线焊缝如波纹板的自动焊接。清华大学先进成形重点实验室设计的双线激光视觉传感器，用以克服单线激光视觉传感超前误差，试验验证了其可行性。

综合国内外目前焊缝跟踪系统中应用到的传感器的特点和效果可以看出，视觉传感器以其信息量大、灵活和智能获得了更多的青睐，是未来焊缝传感的发展方向。

三、机器人定位技术

定位是根据不同传感方式，分析和确定机器人在自身作业环境中所处位置的过程。机器人定位需要解决如下三个问题：（1）我（机器人）现在何处？（2）我要往何处？（3）我如何到达该处？定位是移动机器人领域内不可或缺的内容。如今，定位问题涉及到机器人内部运动和外部环境提取，形成了结合内部和外部传感器的机器人自动定位策略。

在机器人焊接船舶格子间的时候，为了降低格子间结构在工作台上的放置要求或对于自主移动机器人来说减少对机器人本体的放置要求，需要通过一定的方式对机器人的焊接起始位置进行确定。

通过安装在机器人焊枪上的接触式传感器来进行焊缝传感，从而完成焊缝起始位置寻找。接触传感器能够实时检测工件的实际位置，并通过程序将检测到的焊缝轨迹和实际位置关系对应起来。对于MAG焊接，焊嘴上始终加载24V测量直流电压。当焊嘴接触上工件时，形成导通回路，根据回路中各类参数的变化，系统可计算出焊嘴所处的坐标，通过坐标转换，即可实现对焊缝轨迹的准确估算和跟踪。

当需要进行工件或焊接起始定位时，利用程序让焊丝端部接触工件，以此确定工件的位姿。接触后继电器K1发生闭合形成回路。机器人控制器的快速输入通道1-X11/13就会探测到由机器人控制器的系统发出的24V的脉冲信号，控制器记录焊丝端部走过的轨迹，系统对其轨迹进行分析即可确定工件的起始焊接点。

机器人采集焊缝图像，通过检测人为设置在焊缝起始点的主动标识，并采用预先编程设计的路径规划方法自主移动到目标点，通过实验证明该方案可行有效。但该方法需要人为设置起始标志，降低了其应用的适应性及灵活性。

视觉传感器安装在焊炬上。焊接作业中，视觉传感器实时采集被动光照环境下的焊缝图像，经过系列图像处理方法后，采用Hough变换法进行直线拟合，找出焊缝所需要焊接的初始位置。通过控制方法，能够驱动焊枪自动移动到焊缝起点，完成焊缝初始位置的快速寻位，且定位精度可达0.01mm。但该方法需要有两个先决条件，一个为焊缝信息需要很明显，一个是图像的边缘信息明显，而且该方法只能应在在平面上，无法实现焊枪的上下调整和左右位置调整。

四、摄像机在焊接中的使用

在船舱格子间焊接过程中，由于其空间狭小且焊接过程烟雾、灰尘、弧光严重，焊接的工作环境相当恶劣，采用自主移动机器人替代人工焊接作业具有重要意义。为减小操作者对机器人初始位姿的放置要求，需要机器人能够对自身位姿识别并调整，让其自动调整为与焊接工作平行的位置且焊枪处于合理位置，焊丝干伸长达到要求，无需人工干预即可开始焊接。

（一）摄像机标定

在机器视觉识别立体焊缝的过程中，为关联图像坐标和实际三维空间中几何位置的相应关系，需要建立摄像机成像的几何模型。几何模型对应的是摄像机的内外参数，参数的获取需要通过试验和计算得到，利用该参数可实现重建识别物体，求解摄像机参数的过程就叫做摄像机标定。

摄像机参数标定非常重要，完成好标定工作是一切工作的前提，是所有工作的基本所在。标定算法的鲁棒性和标定结果的精准性直接决定了摄像机工作结果的有效性。

1.摄像机模型

选取常用的针孔模型分别建立三维世界坐标系 $X_w Y_w Z_w$，摄像机坐标系 xyz，图像物理平面坐标系 XOY，及图像像素坐标系 $X_f O_f Y_f$，选取摄像机光心为摄像机坐标系原点 O，z 轴与光轴重合同时与图像平面垂直，Oo 之间的距离等于摄像机焦距 f。光轴与图像平面的交点设为图像物理坐标系原点 O，X，Y 轴分别与摄像机坐标系的 x，y 轴平行。选取 $X_f O_f Y_f$ 为图像像素坐标系。（$X_w Y_w Z_w$）表示世界坐标系中点 P 的三维坐标，其在摄像机坐标系下的坐标表示为 $P(x,y,z)$，在物理坐标系下为 $P(X,Y)$，在像素坐标系下为 $P_f(u,v)$。

2.摄像机标定方法

（1）传统摄像机标定方法；

（2）主动视觉摄像机标定方法；

（3）摄像机自标定方法。

摄像机标定起源于对十九世纪的摄影测量中的镜头校正，二十世纪五十年代到七十年代是镜头校正技术快速发展的黄金时间。究其原因有二，一为二战中为提高战斗飞机导航性能，航空摄影和军用地图被广泛应用。二为为满足三维测量的要求以及立体测绘仪器的使用，在进行精准测量之前，需对摄像机镜头进行校正。目前，用来进行摄像头标定的方法有传统标定法和主动式视觉标定法，比较经典的方法有DLT法、Tsai模型法、RAC法、张正友平面标定[135-141]法。

3.摄像机标定试验

本文对摄像机的标定方法为基于平面模板的摄像机标定方法，摄像机焦距为4mm，用A4纸打印8*10的棋盘格，每个正方形的边长都为25mm，试验中将模板平面固定，在自然光照下拍摄，调整摄像机的角度和位置，共采集12幅图像。

对用于标定的每一幅靶标图像进行角点提取，未输入畸变初始值，通过鼠标设定棋盘格靶标的选定区域。

对12副图像进行参数设置和角点提取后，就可以计算摄像机的内外参数，本试验中，输出内参数结果如下

焦距f_c：［3633。94246　3626.77973］±［26.73380　28.17051］

基准点（u_0，v_0）：［2108.33965　1496.05281］±［19.28766　17.86346］

畸变系数（k_1，k_2，p_1，p_2）

误差err：［2.251913.00931］

摄像机标定后，根据求出的摄像机参数，重构了摄像机与不同

要进行摄像机的外参数标定，需在其在内参数已知的情况下进行。因此，在获得摄像机的内参数后，即可采用棋盘格靶标对摄像机的外参数进行标定，针对以上采集到的12副棋盘格图像进行角点检测，计算出摄像机的外参数为

位移向量$T=[-161.347200\quad -88.819780\quad 418.080501]$

旋转向量$R=[-1.875803\quad -1.780630\quad -0.734638]$

$$旋转矩阵M=\begin{bmatrix} 0.025231 & 0.997069 & 0.072230 \\ 0.757939 & -0.066192 & 0.648958 \\ 0.651837 & 0.03872 & -0.757388 \end{bmatrix}$$

标准方差：err =［56.93882　36.86340］

（二）初始定位方法

在焊接中，准确找到焊缝的初始焊接位置是实现高质量焊接的第一步，在工业焊接应用中，大多数机器人采用示教再现的方式寻找初始位置，因此很容易破坏整个焊接过程，且当焊接位置或工件更换时，需重新示教。当用示教方式进行焊接时，工件的装配精确有一定的要求，这在工业现场很难保证。在焊接领域，自主寻找焊缝初始位置方面的研究不多见。如日本安川机器人公司利用接触式方法检测出焊接起始点，但须事先知道起始焊接位置再进行精确定位，受到传感方式的限制，仅适用于具有明显边界的焊缝情况。焊缝的边缘必须明显，且机器人需先移动到焊接起点附近，在较小范围内进行焊接起始点寻找。

上海交通大学自主研制的自寻迹机器人[142]利用激光视觉传感进来寻找焊接起始位，但需要机器人先移动到焊接起始点附近，且只能在较小范围内寻找焊缝的起始焊接位置。

采用加标记的方法，能通过视觉引导机器人进行焊缝初始位置寻找，但需提前制作并放置标记物，非完全智能。

机器视觉技术的发展，激光视觉传感器体积小、价格低，性能可靠且传感方法丰富，传感到的信息丰富，使得利用机器视觉技术进行焊缝初始位置的寻

找成为了可能。

系统中，针对初始位置的定位要求可以分为两类，一类为焊接直线角焊缝（包括含有流水孔的直线角焊缝）；一类为直角转弯角焊缝（包括含有流水孔的直角转弯角焊缝）。

焊接机器人在进行初始位置定位时，能够感知环境信息的传感器有安装在十字滑块上随滑块一起移动的激光视觉传感器，安装在控制箱内部用以测量水平滑块伸缩量的红外传感器。为了验证激光视觉传感器与焊缝处于不同相对位置时，系统采集到的图像信息经处理后获取到的特征点的变化趋势，进行了以下试验。

（1）水平滑块伸缩试验

保持机器人本体不动，让水平滑块匀速进行伸缩运动，采集焊缝图像，通过图像处理计算出焊缝图像中激光条纹拐点坐标，水平滑块运动距离和拐点坐标关系。

采用最小二乘法进行直线拟合后，可以得到水平滑块移动距离和图像中激光条纹拐点坐标之间的关系。

$$X：y = 0.29942x + 214.6787$$

$$Y：y = 0.88725x + 76.0813$$

（2）垂直滑块上下试验

保持机器人本体不动，让垂直滑块匀速进行伸缩运动，采集焊缝图像，通过图像处理计算出焊缝图像中激光条纹拐点坐标。

同样采用最小二乘法进行直线拟合后，可以得到垂直滑块移动距离和图像中激光条纹拐点坐标之间的关系。

$$y = 0.9015x + 71.07077$$

（3）机器人本体旋转试验

首先将焊枪初始位置调整至正常焊接时的位置，保持滑块不动，让机器人本体左轮不动，右轮做正转和反转运动，此时对应机器人做顺指针旋转和逆时针旋转，记录机器人旋转过程中，旋转角度与焊缝图像中激光条纹拐点坐标变化数据。

采用最小二乘法进行直线拟合后，可以得到机器人本体按顺时针方向或逆时针方向旋转时，旋转角度和图像中激光条纹拐点坐标之间的关系。

逆时针时

$$X: y = -0.14545x + 214.36364$$

$$X: y = 1.15328x + 209.66429$$

顺时针时

$$X: y = -0.46818x + 75.5$$

$$X: y = 3.42508x + 61.32984$$

通过试验可知，在现有机器人滑块与激光视觉传感器的相对位置关系下，滑块的伸出缩进以及机器人本体的旋转都对激光条纹下半段的斜率无影响，水平滑块伸出和缩进只对图像中激光条纹拐点的 x 坐标产生影响。当水平滑块缩进而垂直滑块不动作时，x 坐标越来越大，y 也越来越大；当垂直滑块上移动而水平滑块无动作时，x 坐标无影响，y 坐标越来越小；当机器人本体做旋转运动而滑块无动作时，机器人本体与工件的夹角越大，x 坐标越来越大，y 也越来越大。

1.直线焊缝初始定位

在工业现场焊接过程中，由于船舱焊接环境狭小，人工调整机器人使得焊嘴对准焊缝中心且干伸长适当较困难，为减小焊接机器人初始位姿的放置要求，只需将机器人大致置于焊缝前方，机器人即可自动寻找焊缝初始位置且调整好姿态和焊嘴的位置。

在运动小车平面上 O 点建立固定坐标系 xyz，假设焊缝位于 Y 轴上；以移动小车驱动轴中心点 O_1 建立坐标系 $x_1y_1z_1$，该坐标系与固定坐标系之间夹角为 θ；L_x，L_y 为 O_1 在坐标系 xyz 中的位置，根据位置关系可得焊枪底部及焊嘴的方程为

$$\begin{cases} x_w = L_x - l\sin\theta \\ y_w = L_y + l\cos\theta \end{cases}$$

其中为十字滑块为初始状态下焊嘴到机器人左轮中心的距离。

针对直线焊缝的初始定位，机器人本体的位姿只需调整使其平行于焊缝即可，机器人采用绕左轮做旋转运动的方式调整机器人本体姿态，此时焊嘴的方程为

$$\begin{cases} x_w = L_x - l - \dfrac{D}{2}\sin\theta \\ y_w = L_y + \dfrac{D}{2}\cos\theta \end{cases}$$

而机器人本体的质心也发生了变化，其方程为

$$\begin{cases} x_r = L_x - l + \dfrac{D}{2}(1 - \sin\theta) \\ y_r = L_y + \dfrac{D}{2}\cos\theta \end{cases}$$

调整机器人本体姿态后还需调整十字滑块的伸出量，使焊嘴与角焊缝成45度夹角且焊丝干伸长满足焊接工艺要求，调整后焊嘴的方程为

$$\begin{cases} x_w = 0 \\ y_w = L_y + \dfrac{D}{2}\cos\theta \end{cases}$$

从上式可以看出，水平滑块伸出的量为$\Delta L = L_x - l - \dfrac{D}{2}\sin\theta$

（1）机器人本体调整分析

只需机器人本体做旋转运动。在焊机机器人开始自动焊接之前，操作工人将机器人置于焊缝前方，此时焊缝与机器人之间的夹角可能为任意角度，但为了让激光视觉传感器能够扫描到焊缝信息，也为了提高机器人自主初始定位的精确度，要求工人放置机器人时使得机器人与焊缝之间的夹角为-90°：90°，越接近0°越好。

根据以上的试验可知，当机器人以左轮为中心，右轮后退时，机器人本体做顺时针旋转，此时机器人本体与焊缝夹角为0°：90°，图像中拐点的 x 坐标和 y 坐标随着机器人本体和工件夹角的增大而增大；当机器人以左轮为中心，右轮前进时，此时机器人本体与焊缝夹角为-90°：0°图像中拐点的 x 坐标和 y 坐标随着机器人本体和工件夹角的增大而增大，且 x 和 y 的变化趋势相似。但在机器人本体逆时针和顺时针旋转过程中，图像拐点横坐标的变化并非对称的，这与激光视觉传感器安装超前于焊嘴有关。

因此，为简单起见，同时减小图像处理不确定性所带来的误差，在分析时只考虑 x 坐标的变化。要调整焊缝与机器人之间的相对位置关系，可先让机器人沿着逆时针转过一定角度，此时实时采集焊缝图像并求取图像中激光条纹拐点的x轴坐标，若x坐标越来越小，则认为机器人与焊缝之间的夹角为0°：90°，设置变量inter_angle>0；否则，则认为机器人与焊缝之间的夹角为-90°：0°，设置变量inter_angle<0；

确定了机器人与焊缝的夹角后，若inter_angle>0，则让机器人按逆时针方向旋转，旋转过程中，图像中激光条纹的x坐标从大到小然后又增大，记下最小的x坐标值，然后让机器人往顺时针走回当前至最小值时的步数，机器人即可回到与焊缝夹角为0的位置，此时机器人本体的位置即为所要求的初始位置。

相对应的，若inter_angle<0，则让机器人按顺时针方向旋转，旋转过程中，图像中激光条纹的x坐标从大到小然后又增大，记下最小的x坐标值，然后让机器人往逆时针走回当前至最小值时的步数，机器人即可回到与焊缝夹角为0的位置，完成了机器人本体的自动寻位。

（2）十字滑块调整分析

当机器人本体调整后，此时机器人与焊缝平行，但还不能开始焊接，因为焊嘴还未调整至合适的位置，使得焊丝干伸长符合焊接工艺要求。要对焊丝干伸长符合要求，则需要对滑块的水平伸缩量和垂直上下量进行调整。由于水平滑块的运动会引起图像中激光条纹拐点 x 坐标和 y 坐标的变化，而滑块垂直方向上运动只会引起图像中激光条纹拐点 y 坐标的变化，因此在调整过程中可以分为两个阶段，即先调整水平方向上的运动，等 x 坐标满足要求再调整垂直方向上的运动，使得 y 坐标也满足要求，即完成了焊嘴对准焊缝的要求。

在实际焊枪位置初始化过程中，根据现有激光视觉传感器和滑块的相对位置关系，当焊嘴与垂直焊缝成45°夹角时，x 坐标为210像素，y 坐标为75像素，以此为基准，即可完成滑块的定位。

（a）水平滑块初始位置调整

将$\Delta L = x_p$-210代入

$$y = 0.29942x + 214.6787$$

转换为实际的距离（单位为cm），得到

$$\Delta L = 0.29942x_p + 151.8005$$

其中 x_p 为当前图像中激光条纹拐点的 x 坐标，单位为像素。在滑块的运动中，希望滑块离原点越远，则运动速度越快。

当$\Delta L_p > 0$时，说明滑块伸出了，需要缩进，此时电机正转；

当$\Delta L_p <$ 时，说明滑块缩进了，需要伸出，此时电机反转；

假设任何情况下，滑块从当前位置回归至原点需要时间为 ts，t 与实际距离之间满足以下关系

$$t = \Delta L/2$$

即实际滑块运动的速度为20mm/s。

步进电机经过减速器传导到机器人轮子上的运动之间满足如下关系

$$V = P/N*2\pi r$$

其中，V 为机器人轮子运行的线速度，P 为驱动速度，单位为PPS（Pulse Per Second），N 为细分数，本文中设置为3200步/转，r 为机器人轮子外径，实物中为36mm，因此运动控制卡ART1020输出的驱动速度为

$$P = \frac{VN}{2\pi r}$$

实际工作过程中，由于运算或丢步带来的误差，经过上述运动后横向滑块的位置可能未必满足要求，因此在上述运动的基础上实现微调，具体过程为：系统开定时器，定时器的时间可设置为600ms。让滑块以一定的速度运行，比如0.2cm/s，每一周期中采集一副图像，处理后得出激光条纹拐点 x 坐标，与期望坐标进行对比，如果相符，则结束，否则继续运行，直至当前值和期望值重合。电机的转向和上面一样。

（b）垂直滑块初始位置调整

由于垂直滑块在焊缝跟踪过程中不做调整，只在起始位置初始中运动，且其行程只有5cm，因此只需对其进行微调，方法如上水平滑块的微调过程，此处不做赘述。

2.直角转弯焊缝初始定位

直角转弯焊缝焊枪位置初始化，不仅需要调整机器人本体姿态，还需调整滑块使得焊嘴对准焊缝且需要使水平滑块的伸出距离为固定值，可以看出，除了要完成直线焊缝中所需的机器人本体的初始化化外，还需要让机器人本体移动靠近工件，使得水平滑块的伸出为固定值，该值的大小可自行确定，在直角转弯焊缝跟踪时有分析。

（1）机器人本体调整分析

在直角转弯焊缝的初始定位中，机器人本体先进行姿态的调整，调整至和工件平行，然后进行平移运动，让机器人本体移动，使得焊枪的初始位置满足要求。

平移前，左右轮位置分别在AB点。先让机器人左轮不动，右轮前进至B

点，此时机器人转过的角度为 θ；接着保持右轮不动，左轮前进，让机器人绕着右轮做旋转运动，同样的转过角度为 θ。此时小车左右轮处于同一水平线上，而小车却向靠近工件的方向平移了ΔL 的距离。

由图中可得

$$\mathrm{D}\text{-}\Delta L = D\cos\theta$$

经过变换可得

$$\theta = \arccos(1 - \frac{\Delta \mathrm{L}}{D})$$

因此，如果需要小车向左平移 ΔL 距离，则只需小车先右轮前进逆时针转过 θ 角度，然后左轮前进顺时针转过 θ 角度；同样如果需要小车向右平移 ΔL 距离，则只需左轮前进顺时针转过 θ 角度，然后机器人先右轮前进逆时针转过 θ 角度。

以下分析机器人转过角度与运动控制卡发送脉冲之间的关系

$$V = P/n_s * 2\pi r$$

其中，P 为驱动速度，单位为PPS（Pulse Per Second），N 为细分数，本文中设置为3200步/转，

n_s 为转速比，本系统中设置为81

r 为机器人轮子外径，实物中为36mm

$$Vt = \frac{\theta}{180}$$

结合上式得

$$P = \frac{\arccos(1 - \frac{\Delta \mathrm{L}}{D})}{180} \times \frac{N \times n}{2t}$$

式中 t 为机器人本体旋转角度 θ 所需要的时间，因此完成平移距离 ΔL 所需要的时间为$2t$，t 根据需要设定。

参考文献

[1] 章毓晋. 图像工程[M]. 北京: 清华大学出版社, 2006.
[2] 武汉人学测绘学院测量平差学科组. 误差理论与测量平差基础[M]. 武汉: 武汉大学出版社, 2003.
[3] (意)多西(Dosi, Giovanni), 钟学义等译. 技术进步与经济理论[M]. 北京: 经济科学出版社, 1992.
[4] 李德仁, 袁修孝. 误差处理与可靠性理论[M]. 武汉: 武汉大学出版社, 2002.
[5] (美)Richard Hartley, (美)Andrew Zisserman. 计算机视觉中的多视图几何[M]. 合肥: 安徽大学出版社, 2002.
[6] 贾云得. 机器视觉[M]. 北京: 科学出版社, 2000.
[7] 樊功瑜. 误差理论与测量平差[M]. 上海: 同济大学出版社, 1998.
[8] 钟玉琢. 机器人视觉技术[M]. 北京: 国防工业出版社, 1994.
[9] 蒋新松. 机器人学导论[M]. 沈阳: 辽宁科学技术出版社, 1994.
[10] 李德仁, 郑肇葆. 解析摄影测量学[M]. 北京: 测绘出版社, 1992.
[11] 张广军. 机器视觉[M]. 北京: 科学出版社, 2005.
[12] Milan Sonka. 图像处理、分析与机器视觉[M]. 北京: 人民邮电出版社, 2002.
[13] 马颂德, 张正友. 计算机视觉[M]. 北京: 科学出版社, 1998.
[14] 吴立德. 计算机视觉[M]. 上海: 复旦大学出版社, 1993.
[15] 中国科学院. 科技革命与中国的现代化[M]. 北京: 科学出版社, 2009.
[16] 陈劲. 科学、技术与创新政策[M]. 北京: 科学出版社, 2013.
[17] 蔡自兴. 机器人学[M]. 北京: 清华大学出版社, 2000.
[18] 丁凡, 华长明. 各国科技实力研究[M]. 北京: 航空工业出版社, 1994.
[19] 美国国家科学理事会. 美国科学指标[M]. 北京: 科学出版社, 1991.
[20] 郭宇光. 机器人发展的历史、现状、趋势[M]. 哈尔滨: 哈尔滨工业大学出版

社，1989.

[21] 机器人模块化体系结构总体设计课题组. 机器人发展战略研究报告[M]. 北京：兵器工业出版社，2009.

[22] 国家863计划智能机器人主题专家组，谈大龙. 迈向新世纪的中国机器人[M]. 沈阳：辽宁科学技术出版社，2001.

[23] 唐五湘，黄伟. 科技成果转化的理论与实践[M]. 北京：方志出版社，2006.

[24] 陈乃醒. 中国中小企业发展与预测[M]. 北京：中国财政经济出版社，2003.

[25] 李鸣生. 中国863[M]. 南京：江苏文艺出版社，2002.

[26] 李德全，付涛，袁择，等. 国内焊接技术应用现状与发展趋势[J]. 现代焊接，2008，(01)：78-80.

[27] Li L, Lin B Q, Zou Y B. Study on seam tracking system based on stripe type sensor and welding robot[J]. Chinese Journal of Lasers, 2015, (5): 26-33.

[28] Rui C, Mclamroch N H. Stabilization and asymptotic path tracking of rolling disk[C]. Proceedings of 34th IEEE Conference on Decision and Control, 1995: 4294-4299.

[29] 洪军杰. 桁架式海洋平台桩腿管节点焊接工艺研究[J]. 中国水运（下半月），2014(09)：15-18.

[30] 汤忠泉. 内河船舶焊接变形的控制与矫正[J]. 南通航运职业技术学院学报，2014，(03)：125-128.

[31] 周萍. 76000DWT散货船挂舵臂焊接工艺中的问题分析[J]. 中国科技信息，2014，(Z2)：68-71.

[32] Fliess M, Levine J, Martin P. Desigh of tractory stabilizing feedback for driftless flat systems[C]. Proceedings of 3rd European Contrl Conf, 1995: 1882-1887.

[33] 余东方. 平面舱壁周界的焊缝研究[J]. 船舶，2014，(05)：05-08.

[34] 李玉春. 探究船体建造中焊接质量检验的控制要点[J]. 电子世界，2014，(16)：125-126.

[35] AkiraM, Seiji F, YammaotoM. Trajectory Planning of mobile manipulator with end Eeffetor's specifiedPath[C]. Proeeedings of IEEE/RSJ Intenrational Conefrence on Intelligent Robots and Systems, 2001: 2264-2269.

[36] 李高进, 伍朝晖, 徐宝东, 等. 船舶曲面板列焊接自动化[J]. 造船技术, 2017, 4(2): 68-72.
[37] 程永伦. 基于Matlab的QJ-6R焊接机器人运动学分析及仿真[J]. 机电工程, 2007(11): 65-68.
[38] 杨宗辉. 船舶焊接机器人系统关键技术进展[J]. 电焊机, 2005, 35(6): 29-33.
[39] Tharakeshwar A, Ghosal A. A three-wheeled mobile robot for traversing uneven terrain without slip: Simulation and experiments[J]. Mechanics Based Design of Structures and Machines, 2013, 41(1): 60-78.
[40] StefanTrube. 提高生产效率的焊接机器人[C]. 高效化焊接国际论坛论文集, 上海, 2002.
[41] 施春芳. 焊接机器人技术现状和发展趋势的研究[J]. 中国科技投资, 2012, (30): 6-8.
[42] Carriker W F. Path planning for mobile manipulators for multiple task execution [J]. IEEE Transactions on Robotics and Automation, 1991, 7(3): 403-408.
[43] 许燕玲, 林涛, 陈善本. 焊接机器人应用现状与研究发展趋势[J]. 金属加工(热加工), 2010, (08): 32-36.
[44] 哈恩晶. 焊接机器人的应用现状与发展趋势[J]. 机械工人(热加工), 2004, (05): 45-48.
[45] 王恩浩. 焊接机器人技术现状与发展趋势[J]. 中国高新技术企业. 2014, (17): 68-71.
[46] Yamamoto Y, Yun X P. Coordination Locomotion and Manipulation of a Mobile Manipulator. Proceedings of the 3 1th Conference on Decision and Control, 1992: 2643-2648.
[47] 陈善本. 焊接智能化与智能化焊接机器人技术研究进展[J]. 电焊机, 2013(05): 256-258.
[48] 宋金虎. 焊接机器人现状及发展趋势[J]. 现代焊接, 2011, (03): 45-48.
[49] Yamamoto Y, Yun X P. Control of Mobile Manipulators Followinga Moving Surface. Proceedings of IEEE International Conference and Robotics and Automation, 1993: 1-6.

[50] 刘苏宜. 视觉系统在机器人焊接中的应用与展望[J]. 机械科学与技术, 2005, (11): 25-28.

[51] 程世玉. 焊接机器人系统在汽车底盘焊接中的应用[C]. 2003汽车焊接国际论坛论文集, 2003.

[52] 薛龙. 浅谈特种焊接机器人的研究现状与进展[C]. Proceedings of International Forum on Welding Technology in Energy Engineering, 2005.

[53] YamamotoY. YunX P. Coordinated Obstacle Avoidance of a Mobileanipulator. Proceedings of IEEE International Conferenceon Robotics and Automation, 1995: 2255-2260.

[54] 梁明, 王国荣, 石永华, 等. 焊缝自动跟踪系统中的智能控制[J]. 电焊机, 2008, 30(8): 17-20.

[55] 郑赞. 船舶高端进口焊材国产化浅析[J]. 金属加工(热加工), 2008, (16): 23-25.

[56] 施敏华. 焊接自动化的应用与推广[J]. 科技风, 2017, (7): 168-169.

[57] 王启玉, 陈志强, 于青春. 我国焊接机器人的发展现状[J]. 现代零部件, 2013, (03): 186-189.

[58] Sattar TP. Amagnetically adheringwall climbing robot to perform continuous welding of long seams and non-destructively test the welds on the Hull of a Container Ship. 8thIEEE Conference on Mechatrinics and Machine Vision in Practice, 2001.

[59] Andersen T. Robot welding in shipbuilding. Advanced Techniques and Low Cost Automation-Proceeding of the 94’ International Conference of International Institute of Welding, 1994.

[60] 薛龙. 特种焊接机器人研制[J]. 制造业自动化. 2006, (02): 137-139.

[61] 邹勇, 蒋力培, 薛龙. 全位置智能焊接机器人研究及应用[J]. 现代制造, 2008 (33): 6-8.

[62] Aghili F. A prediction and motion-planning scheme for visuallyguided robotic capturing of free-floating tumbling objects withuncertain dynamics. IEEE Transactions on Robotics, 2012.

[63] 吴翔. 焊接机器人快速修复与成型辅助软件设计[J]. 大连海事大学学报,

2011,(03):4-8.

[64] 胡跃明. 现代重工船用微型焊接机器人研发成功[J]. 机电设备,2013,(03):45-48.

[65] 赵希龙. 焊接机器人在机车钢结构焊接生产中的应用性分析[J]. 科技风,2013,(19):65-68.

[66] Chung Jae H. VelinskySA. Interaction Control of Redundant Mobile Manipulator. International Journal of Robotics Research, 1998, 17(12):1302-1309.

[67] 吴玉香. 轮式移动机械臂的建模与仿真研究[J]. 计算机仿真,2006,23(1):147-151.

[68] 吕世增. 基于吴方法的6R机器人逆运动学旋量方程求解[J]. 机械工程学报,2010,46(17):35-41.

[69] ShengL and Goldenberg A A. Neural-Network Control of Mobile Manipulators [J]. IEEE Transactions on Neural Networks, 2001, 12(5):1 121-1.

[70] 王启玉. 我国焊接机器人的发展现状[J]. 现代零部件. 2013,(03):6-9.

[71] 张轲. 我国焊接自动化设备制造技术六大发展趋势[J]. 机械制造文摘(焊接分册),2013,(02):62-65.

[72] Cheng M B, Tsai C C. Robust backstepping tracking control using hybrid sliding-mode neuralnetwork for a nonholinomic mobile manipulator with dual arms[C]. Spain: Proceedings of the44th IEEE Conference on Decision and Control, and the European Control Conference 2005Seville. 2005: 12-15

[73] Mikael Fridenfalk and Gunnar Bolmsjo. Design and validation of a universal 6D seam tracking system in robotic welding based on laser scanning[J]. Industrial Robot: An International Journal, 2003, 30(5):437-448.

[74] 吕健,吕学勤. 焊接机器人轨迹跟踪研究现状[J]. 机械制造文摘,2017,(01):18-22.

[75] 张轲. 移动焊接机器人坡口自寻迹位姿调整的轨迹规划[J]. 机械工程学报,2005,(05):16-19.

[76] Hsing-Chia Kuo, Li-Jen Wu. An image tracking system for welded seams using fuzzy logic[J]. Journal of Materials Processing Technology, 2014, (120):

169-185.

[77] U. Dilthey, G. Wilms and A. M. Sevim. Welding and sensor application with rotating torch [J]. Industrial Robot: An International Journal, 2013, 32 (4): 356-360.

[78] 中国设备网, www. cnsb. cn.

[79] 李龙. 结构光视觉引导的轨迹跟踪系统的标定技术 [J]. 计算机工程与应用, 2014, (16): 2-5.

[80] 倪慧锋. 船舶焊接材料应用与发展 [J]. 金属加工, 2011, (20): 11-14.

[81] 邹家生, 严铿, 顾晓波. 船舶焊接技术的现状及发展 [J]. 江苏船舶, 2008, 25 (1): 1-4.

[82] 陈天飞. 基于主动视觉标定线结构光传感器中的光平面 [J]. 光学精密工程, 2012, (02): 98-101.

[83] 王春光, 武晋. 焊接机器人的应用现状和技术研究 [J]. 科技展望, 2016, (7): 56.

[84] 李学瑞. 基于激光双目视觉的焊接机器人波纹板焊缝三维重建的研究 [D]. 华南理工大学, 2014.

[85] 朱加雷, 焦向东, 蒋力培, 等. 新型机械接触式焊缝跟踪传感系统 [J]. 焊管, 2007, 30 (4): 54—55.

[86] 曹莹瑜, 黄民双, 蒋力培, 等. 一种新颖的接触式光电焊缝跟踪传感器 [J]. 电焊机, 2008, 38 (2): 21—23.

[87] Kang-Yul Bae, Jin-Hyun Park . A study on development of inductive sensor for automatic weld seam tracking [J]. Journal of Materials Processing Technology, 2006,

[88] 胡绳荪, 刘勇, 孙栋等. 超声传感埋弧焊焊缝跟踪的研究 [J]. 压力容器, 2001, 18 (1): 13-16.

[89] Homayoun Seraji and Navid Serrano. A Multisensor Decision Fusion System for Terrain Safety Assessment. IEEE TRANSACTION on ROBOTICS, 2009, 25 (1): 99-108.

[90] Min Young Kim, Hyung Suck Cho, Jae-hoon Kim. Neural Network-Based Recognition of Navigation Environment for Intelligent Shipyard Welding

Robots [J]. Proceedings of the 2001 IEEE/RSJ International Conference on Intelligent Robots and Systems Maul, Mawaii, 2001, 29 (3): 446-451.

[91] 陈海永. 基于视觉的薄钢板焊接机器人起始点识别与定位控制 [J]. 机器人, 2013, (01): 65-68.

[92] 李婷. 基于机器视觉的圆定位技术研究 [J]. 计算机工程与应用, 2012, (09): 23-25.

[93] 王丰. 光点位置测量系统摄像镜头设计 [J]. 光电工程, 2008, (10): 12-15.

[94] 齐秀滨. 激光焊接过程视觉传感技术的发展现状 [J]. 焊接学报, 2008, 4 (02): 63-65.

[95] MARK A. LANTHIER, DORON NUSSBAUM, et al. Improving Vision-Based Maps By Using Sonar and Infrared Data [J]. Proceedings of the Tenth IASTED International Conference on Robotics and Applications, 2004, (10): 118-123.

[96] Ofir Cohen and Yael Edan. A sensor fusion framework for online sensorand algorithm selection [J]. Robotics and Autonomous Systems, 2008, (56): 762-776.

[97] 刘燕. 用于机器视觉的焊缝图像获取及图像处理 [J]. 计算机工程与应用, 2014, 50 (3), 135-139.

[98] 杨燕萍. 焊缝缺陷模式识别以及焊缝缺陷检测数据库——计算机视觉技术在焊缝缺陷检测中的应用 [J]. 浙江建筑, 2008, (11): 6-8.

[99] 唐国维. 基于模糊神经网络的焊缝缺陷识别的研究 [J]. 计算机技术与发展, 2014, (05), 244-246.

[100] 宋庆国. 焊缝图像缺陷提取与识别系统研究 [D]. 武汉理工大学, 2008.

[101] 陶敏, 陈新, 孙振平. 移动机器人定位技术 [J]. 火力与指挥控制, 2010, 35 (07), 169-172.

[102] 章正. 船舶大型结构件机器人焊接关键技术研究 [D], 江苏大学, 2009.

[103] 肖敏. 轮履式机器人初始定位及结构光弯曲焊缝跟踪 [D], 南昌大学, 2007.

[104] 董砚. 基于同轴摄像机的激光焊缝初始点识别与定位 [J]. 计算机测量与控制, 2013, 21 (3): 700-703.

[105] 谈成成. 焊接机器人的应用现状与发展趋势 [J]. 中国新技术新产品, 2017,

(10): 13-14.

[106] 宋金虎. 我国焊接机器人的应用于研究现状[J]. 电焊, 2009, 39(04): 18-21.

[107] 吕超荣, 焊接机器人技术现状与发展趋势的研究[J]. 机械工程师, 2015, (1): 52-54.

[108] 潘际銮. 现代弧焊控制[M]. 北京: 机械工业出版社, 2000.

[109] 郭亮, 张华. 船舱流水孔焊接机器人系统设计[J]. 焊接, 2015, (12): 24-26.

[110] 李玉春. 探究船体建造中焊接质量检验的控制要点[J]. 电子世界, 2014 (16): 32-35.

[111] 施春芳. 焊接机器人技术现状和发展趋势的研究[J]. 中国科技投资, 2012, 6 (24): 161.

[112] 许燕玲, 林涛, 陈善本. 焊接机器人应用现状与研究发展趋势[J]. 金属加工, 2010, (8): 32-35.

[113] 李俨儿. 焊接自动化的"冰与火之歌"[J]. 中国船舶报, 2016, (7): 1-2.

[114] 王帅. 直角转弯移动焊接机器人结构设计与仿真[D], 南昌大学, 2016.

[115] 肖勇. 基于双线激光传感埋弧焊自动跟踪系统研究[D], 南昌大学, 2017.

[116] 唐科狄, 何平, 魏化媚, 等. 小波软阈值波绿在信号去燥噪中的有效性分析. 船舶电子工程, 2009, 29(7): 128-130.

[117] 徐一帆, 祁欣. 小波变换在陀螺信号去噪中的应用[J]. 仪器仪表学报, 2005, 26(8): 1-2.

[118] 叶建雄. 旋转电弧传感焊枪倾角检测及水下焊缝跟踪技术研究[D]. 南昌大学, 2007.

[119] 吴金锋, 焦向东, 罗雨, 等. 基于Labview的电弧传感焊缝跟踪的实现[J]. 北京石油化工学院学报, 2011, 19(4): 17-20.

[120] Hao Ying. The Takagi-sugeno fuzzy controllers using the simplified linear control rules are nonlinear variable gain controllers[J]. Pergamon Press, 1998, 34(2): 157-167.

[121] Li HanXiong. A comparative design and tuning for conventional fuzzy control [J]. IEEE Transactions on Systems Man, 1997, 27(5): 884-9.

[122] Enqin Z. Shi Songjiao, Weng zhengxin. Comparative study of fuzzy control and PID control methods[J]. Journal of Shanghai Jiaotong University. 1999.

[123] Zhou Min, Zhou Yimin. Variable Bit Rate Fuzzy Control for Low Delay Video Coding [J]. ZTE communication, 2017: 1-17.
[124] 胡德安, 冀殿英. 模糊控制在焊接中的应用[J]. 电焊机, 1994, (3): 24-26.
[125] Dimiter Lakov. Adaptive robot under fuzzy control[J]. Fuzzy Sets and Systems. 1985, 17(1): 58-61.
[126] Shen Hongyuan, Lin Tao, Chen Shanben, et al. Real-timeseam tracking technology of welding robot with visual sensing [J]. Journal of Intelligent & R obotic Systems, 2010, 59(3): 283-298.
[127] Lv Xueqin, Zhang Ke, Wu Yixiong. The seam position de-tection and tracking for the mobile welding robot[J]. The International Journal of Advanced Manufacturing Technology, 2016, 88(5): 2201- 2210.
[128] Kim Jw N S. A Self-organizing Fuzzy Control Approach to Arc Sensor for Weld Joint Tracking in Gas Metal Arc Welding of Butt Joint[J]. Welding Journal, 1993, 72(2): 60-66.
[129] Lippe Wolfram-M. Different methods for the fine-optimization of fuzzy-rule-based-systems. IEEE International Conference on Plasma Science, 2002. (2): 1210-1215.
[130] 郝炜亮, 许化龙, 李凤海. 模糊-PID复合控制在转台控制系统中的应用及仿真[J]. 弹箭与制导学报, 2006, 26(1): 205-207.
[131] 高向东. 机器人焊缝跟踪智能控制[D]. 华南理工大学, 1997.
[132] 蔡志勇. 基于计算机视觉的焊缝识别及其DSP实现[D]. 南昌大学, 2004.
[133] 郭亮, 张华, 高延峰. 船舱流水孔自动识别跟踪焊接系统[J]. 焊接学报, 2015, 36(6): 14-18.
[134] Yangling Xu, Gu Fang, Na Lv. Computer vision technology for seam tracking in robotic GTAW and GMAW[J]. Robotics and Computer Integrated Manufacturing, 2015, (4): 28-35.
[135] 曹建峰, 张建华, 刘璇. 一种快速精确的摄像机标定方法[J]. 机械工程师, 2017, (8): 37-40.
[136] Faugeras O, Luong Q T, Maybank S. Camera self-calibration: Theory and experiments [C]. Computer Vision, 1992: 321-334.

[137] Hartley R. Estimationof relative camera positions for uncalibrated cameras [C]. Computer Vision, 1992: 579-587.

[138] Yong-Tao H, Jing-Wei X. A Improved Way of Camera Self-Calibration Technique [C]. Image and Signal Processing, 2009: 1-4.

[139] Liu F, Han W, Xu Q, et al. A camera self-calibration method based on dual constraints of multi-view images [C]. Wireless Communications and Signal Processing (WCSP), 2011: 1-5.

[140] Sun J, Gu H, Qin X, et al. A new camera calibration based on vanishing point [C]. Intelligent Control and Automation, 2008: 2371-2376.

[141] Zhang Z. A flexible new technique for camera calibration [J]. Pattern Analysis and Machine Intelligence, 2000, 22(11): 1330-1334.

[142] 杨保国. 浅议坡口机器人自寻迹位姿调整的轨迹规划 [J]. 科技与企业, 2015, 5(6): 196-197.

[143] 张俊强, 张华. 基于图像处理的移动机器人对目标的识别和定位 [J]. 计算机测量与控制, 2006, 14(5): 673-675.